이륜자동차 운전면허 500제

2종 소형·원동기장치자전거

도로교통공단 KoROAD 제공

_ 박성지 감수

2022 최신판

100% 출제보장

핵심요약 수록

틀리기 쉬운 교통안전표지 수록

PMG 박문각

이륜자동차 운전면허 자격정보 및 응시자격

1. 자격정보

제2종 소형면허 (125cc 초과 이륜자동차)	정의	제2종 소형면허란 이륜자동차(측차부를 포함한다) 또는 원동기장치자전거를 운전하려는 자가 도로교통공단에서 시행하는 일정한 학과시험과 기능시험에 합격하고 발급받은 면허를 말한다.
	특징	• 제2종 소형면허취득자는 125cc 초과 이륜자동차(측차부를 포함한다)를 운전할 수 있다. • 제2종 소형면허취득자는 별도의 원동기장치자전거면허가 없어도 원동기장치자전거를 운전할 수 있다.
제2종 원동기장치 자전거 면허 (125cc 이하)	정의	제2종 원동기장치자전거 면허란 원동기장치자전거를 운전하려는 자가 도로교통공단에서 시행하는 일정한 학과시험과 기능시험에 합격하고 발급받은 면허를 말한다.
	특징	• 원동기장치자전거를 운전하려면 제2종 원동기장치자전거 면허를 취득하여야 한다. • 제1종 보통, 제2종 보통 운전면허 소지자는 원동기장치자전거 면허가 없어도 원동기장치자전거를 운전할 수 있다. • 125cc를 초과하는 이륜자동차를 운전하려면 제2종 소형면허를 취득하여야 한다.

2. 응시자격

① 응시 연령

제2종 소형면허	만 18세 이상인 자
제2종 원동기장치 자전거 면허	만 16세 이상인 자

② 결격사유

정신질환 등	교통상의 위험과 장해를 일으킬 수 있는 정신질환(예 치매, 조현병, 조현정동장애, 양극성 정동장애, 재발성 우울장애 등) 또는 정신발육 지연, 뇌전증, 마약 · 대마 · 향정신성의약품 또는 알코올 관련 장애 등으로 인하여 정상적인 운전을 할 수 없다고 해당 분야 전문의가 인정하는 사람

신체조건	• 앞을 보지 못하는 사람 • 다리, 머리, 척추, 그 밖의 신체의 장애로 인하여 앉아 있을 수 없는 사람(다만, 신체장애 정도에 적합하게 제작 · 승인된 자동차를 이용하여 정상적인 운전을 할 수 있는 경우는 제외) • 양쪽 팔의 팔꿈치 관절 이상을 잃은 사람이나 양쪽 팔을 전혀 쓸 수 없는 사람(다만, 신체장애 정도에 적합하게 제작 · 승인된 자동차를 이용하여 정상적인 운전을 할 수 있는 경우는 제외)

이륜자동차 운전면허 취득 방법

교통안전교육 >>> 신체검사 >>> 학과시험 >>> 기능시험 >>>

▲ 이륜자동차 운전면허 취득절차

1. 교통안전교육

교육 시기	학과시험 응시 전까지 언제나 가능
교육 시간	시청각 1시간
수강신청 절차	교육 수강 신청 및 접수 → 지문 등록 → 수강카드 발급 → 강의실 입실 → 교육 수강
준비물	주민등록증 또는 본인을 확인할 수 있는 신분증, 교육 수강료 무료

※ 주의사항 : 신규면허 발급 전까지 유효기간 이내에는 수회에 걸쳐 면허시험에 응시하더라도 추가 교육 수강 의무 면제

2. 신체검사

장소	운전면허시험장 내 신체검사실 또는 병원 ※ 문경, 강릉, 태백시험장은 신체검사실이 없으므로 병원에서 받아와야 함
수수료	시험장 내 신체검사실 : 6,000원
준비물	신분증, 6개월 이내 촬영한 컬러 사진(규격 3.5cm*4.5cm) 2매
신체검사 기준	• 시력(교정시력 포함) : 두 눈을 동시에 뜨고 잰 시력이 0.5 이상. 다만, 한쪽 눈을 보지 못하는 사람은 다른 쪽 눈의 시력이 0.6 이상이어야 함 • 색채식별 : 적색등(red), 황색등(yellow), 녹색등(green)을 정확히 구분 가능할 것

3. 학과시험

준비물	응시원서, 신청일로부터 6개월 내에 모자를 벗은 상태에서 배경 없이 촬영된 3.5*4.5cm 규격의 상반신 컬러사진 3매, 신분증
수수료	• 2종 소형 : 10,000원 • 원동기 : 8,000원
시험유형	객관식(선다형)
시험내용	안전운전에 필요한 교통법규 등 공개된 학과시험 문제은행 중 40문제 출제
시험시간	40분
합격기준	60점 이상
결과발표	• 시험 종료 즉시 컴퓨터 모니터에 획득 점수 및 합격 여부 표시 • 합격 또는 불합격도장이 찍힌 응시원서를 돌려받아 본인이 보관
주의사항	• 학과시험 최초응시일로부터 1년 이내 학과시험에 합격하여야 함. • 학과시험 합격일로부터 1년 이내 기능시험에 합격하여야 함. • 1년경과 시 기존 원서 폐기 후 학과시험부터 신규 접수하여야 하며 이때 교통안전교육 재수강은 불필요

4. 기능시험

<table>
<tr><th>면허 종별</th><th colspan="2">2종 소형</th><th>2종 원동기장치자전거</th></tr>
<tr><td>수수료</td><td colspan="2">10,000원</td><td>8,000원</td></tr>
<tr><td>준비물</td><td colspan="3">온라인 접수 또는 현장 예약 접수 후 시험 당일 응시원서, 신분증 지참</td></tr>
<tr><td>합격기준</td><td colspan="3">90점 이상</td></tr>
<tr><td rowspan="6">시험코스 및 채점기준</td><td>시험항목</td><td>감점기준</td><td>감점방법</td></tr>
<tr><td>굴절코스 전진</td><td>10</td><td>검지선을 접촉한 때마다 또는 발이 땅에 닿을 때마다</td></tr>
<tr><td>곡선코스 전진</td><td>10</td><td>검지선을 접촉한 때마다 또는 발이 땅에 닿을 때마다</td></tr>
<tr><td>좁은길코스 통과</td><td>10</td><td>검지선을 접촉한 때마다 또는 발이 땅에 닿을 때마다</td></tr>
<tr><td>연속진로
전환코스 통과</td><td>10</td><td>검지선을 접촉한 때마다, 발이 닿을 때마다 또는 라바콘을 접촉한 때마다</td></tr>
<tr><td colspan="3">※ 다륜형 원동기장치자전거만을 운전하는 경우에는 굴절코스와 곡선코스만 진행</td></tr>
<tr><td>실격기준</td><td colspan="3">• 운전미숙으로 20초 이내에 출발하지 못한 때
• 시험 과제를 하나라도 이행하지 아니한 때
• 시험 중 안전사고를 일으키거나 코스를 벗어난 때</td></tr>
<tr><td>불합격 후 재응시</td><td colspan="3">기능시험 불합격자는(운전전문학원 불합격 포함) 불합격일로부터 3일 경과 후에 재응시 가능</td></tr>
</table>

5. 운전면허증 발급

발급 대상	학과시험 및 장내기능 시험에 합격한 자
발급 장소	운전면허시험장
구비서류	최종 합격한 응시원서, 신분증, 최근 6개월 이내 촬영한 컬러 사진(규격 3.5cm*4.5cm) 1매, 수수료 8,000원

GUIDE 이 책의 안내

학과시험 PC 조작 요령

1. 컴퓨터 학과시험 사전 안내

① 다음의 안내 내용을 확인한 뒤 하단의 [시작] 버튼을 클릭한다.

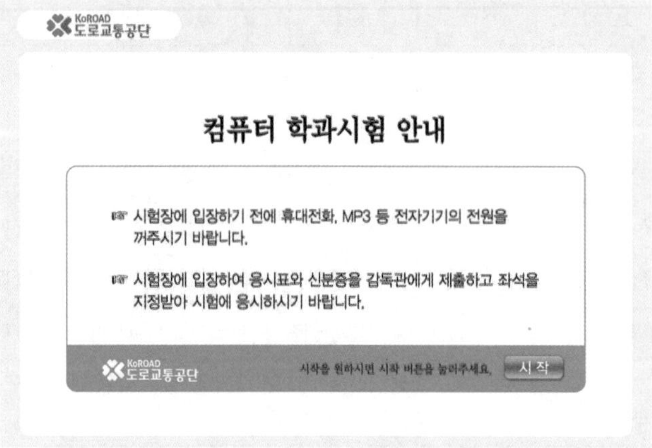

2. 수험번호 입력

① 본인의 수험번호를 정확히 입력하고 [시험시작] 버튼을 클릭한다.

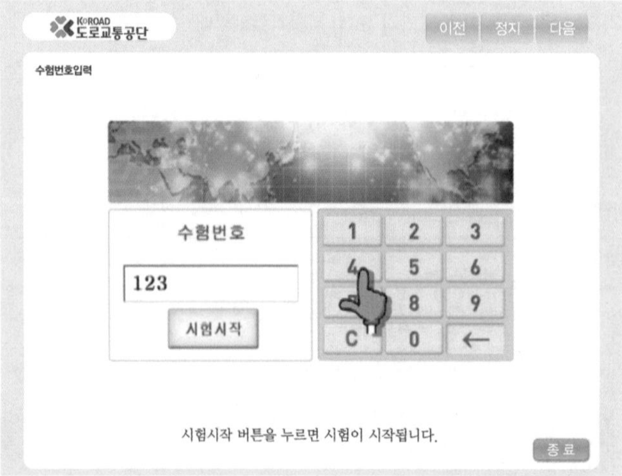

② 문제 풀이 전 화면 좌측 상단에 본인의 응시정보를 확인한다.

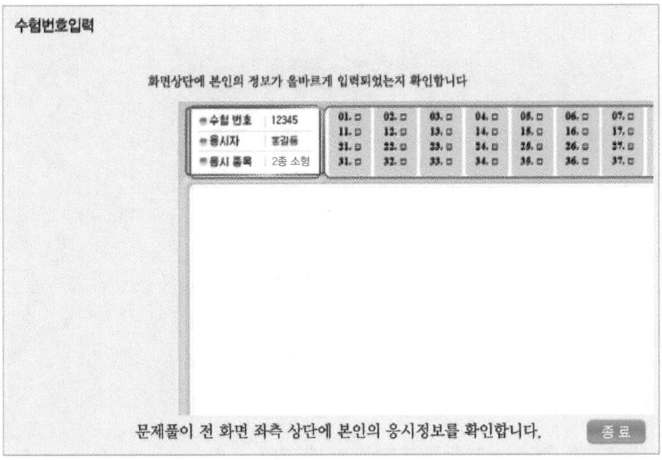

3. 문제 풀이 방법

① 다음과 같은 문제풀이(사진형 문제) 화면에서 정답에 해당하는 버튼을 클릭한다.

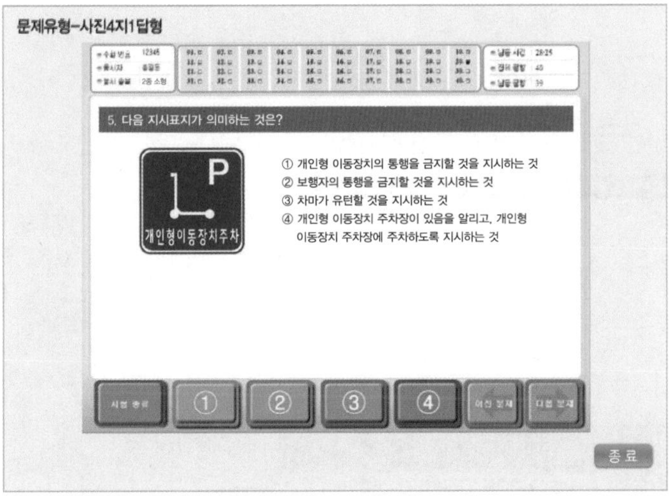

② 시험 도중 풀지 못한 문제는 다시 돌아가기를 하여 원하는 문제 번호를 선택하면 해당 문제로 이동할 수 있다.

③ 문제 풀이가 끝난 후 하단 좌측의 [시험 종료] 버튼을 클릭한다.

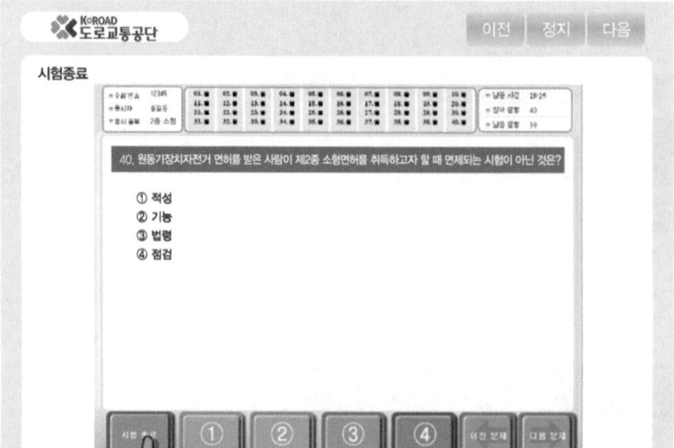

④ 모든 문제를 풀어 종료를 원하면 [시험 종료] 버튼을, 시험을 계속 진행하려면 [계속] 버튼을 클릭한다.

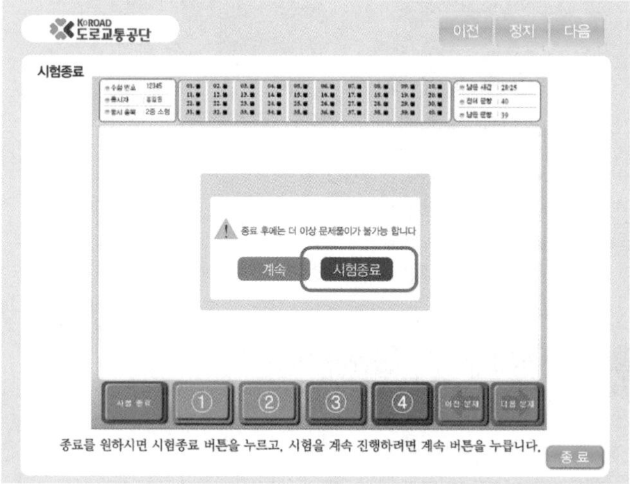

4. 합격 여부 확인

① 모니터에 본인의 점수와 합격 여부를 확인하고 시험을 종료한다.

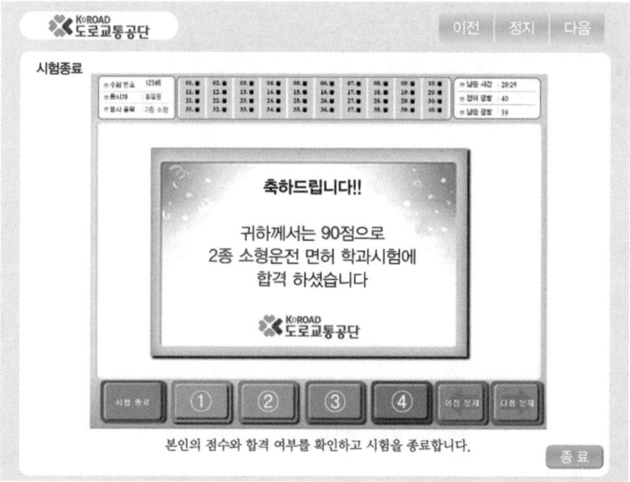

② 응시원서를 감독관에게 제출하여 합격/불합격 도장을 받은 후 퇴실한다.

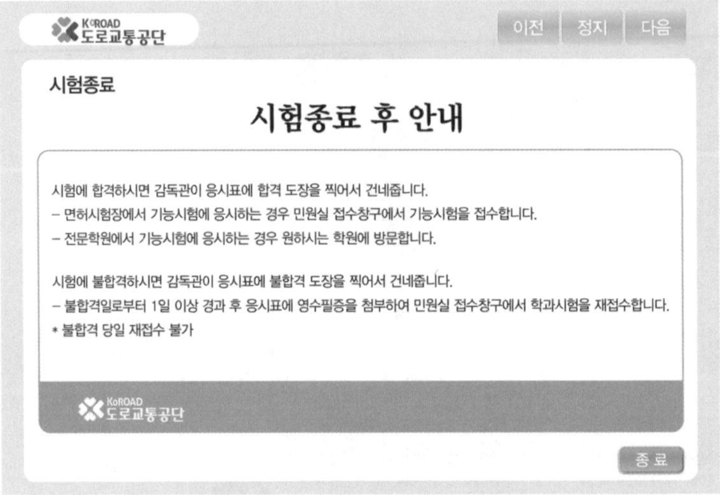

※ 총 40문항이 임의방식으로 출제됩니다.

CONENTS 이 책의 차례

틀리기 쉬운 교통안전표지

안전표지	해설	안전표지	해설
	**과속방지턱표지:** 과속방지턱이 있음을 알리는 것		최저속도를 제한하는 규제표지
	**낙석도로표지:** 전방 100미터 앞부터 낙석 우려가 있는 도로이므로 주의		최고속도 제한 규제표지로 시속 50킬로미터 이하로 주행한다.
	**어린이보호표지:** 어린이 또는 유아의 통행로나 횡단보도가 있음을 알린다.		**통행금지표지:** 보행자뿐 아니라 모든 차마는 통행할 수 없다.
	**우측방향통행표지:** 도로 중앙에 장애물이 있으므로 우측 방향으로 주의하면서 통행한다.		**자전거전용차로 지시표지:** 자전거등만 통행할 수 있도록 지정된 차로의 위에 설치한다. 따라서 전동킥보드는 자전거등만 통행할 수 있도록 지정된 차로를 통행할 수 있다
	노면 고르지 못함 표지		**도시부지시표지:** 도시부의 도로임을 알리는 것이다.

	**자전거 표지:** 자전거 통행이 많은 지점이 있음을 알리는 것		**개인형 이동장치 주차장지시표지:** 개인형 이동장치 주차장이 있음을 알리고, 개인형 이동장치 주차장에 주차하도록 지시하는 것이다.
	**오르막경사표지:** 눈길인 경우 가급적 중간에 정지하지 않는다.		**양측방통행 지시표지:** 차가 양측 방향으로 통행할 것을 지시하는 것
	**철길건널목표지:** 신호기의 진행신호가 있을 때 서서히 진입 통과한다.		**비보호좌회전지시표지:** 진행신호 시 반대방면에서 오는 차량에 방해가 되지 않게 좌회전할 수 있다.
	상습정체구간표지		**노인보호 지시표지:** 노인보호구역(노인보호구역안)이 시작되는 지점에 설치한다.
	우측차로 없어짐 표지	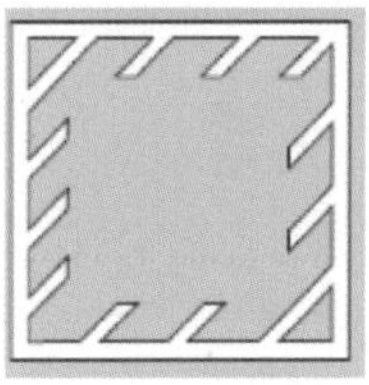	**정차금지지대 표시:** 광장이나 교차로 중앙지점 등에 설치된 구획부분에 차가 들어가 정차하는 것을 금지하는 표시이다.
	**횡풍주의표지:** 교량이나 강변 등 횡풍의 우려가 있는 도로에 설치	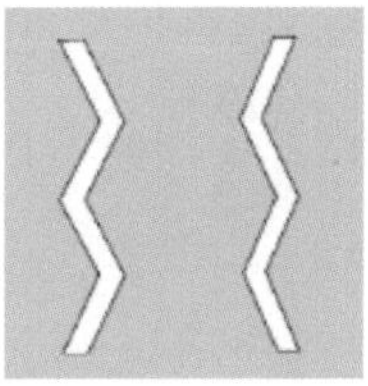	**서행표시:** 어린이보호구역, 횡단보도 주변 등 서행하여야 할 장소에 설치한다.

	**횡단보도 주의표지:** 운전자는 보행자의 안전에 유의하여야 한다.	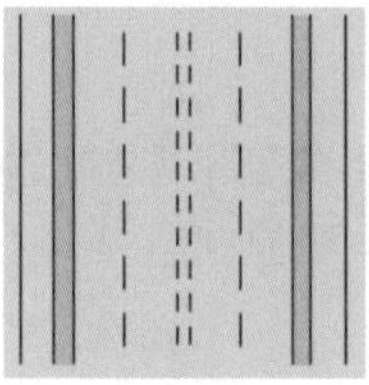	**정차 · 주차금지표시:** 정차 및 주차를 금지하는 도로 구간 길 가장자리 또는 연석 측면에 설치
	**교량표지:** 교량이 있는 경우에 설치	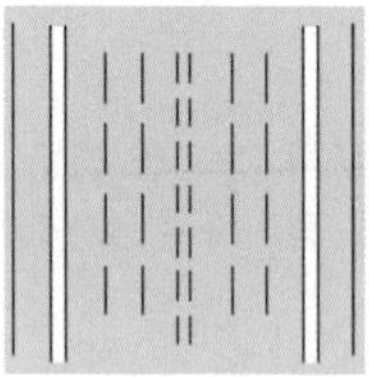	**길가장자리 구역선 표시:** 차도와 보도의 구분이 없는 도로에 있어서 길 가장자리 구역을 설치하기 위하여 도로의 외측에 설치
	최고속도 매시 50킬로미터의 제한을 해제	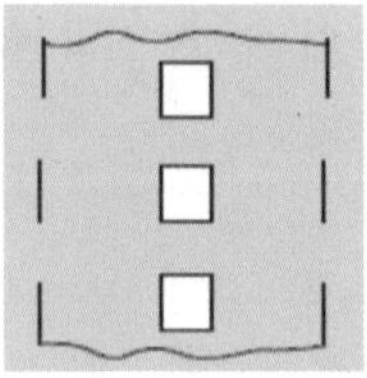	**유턴구역선 표시:** 편도 3차로 이상의 도로에서 차마의 유턴이 허용된 구간 또는 장소 내의 필요한 지점에 설치
	**일시정지 규제표지:** 도로에 차량이 없을 때에도 정지해야 한다.	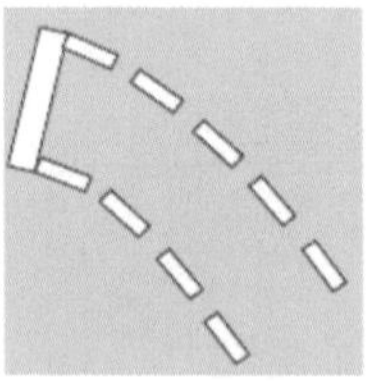	**좌회전 유도 차로 표시:** 교차로에서 좌회전하려는 차량이 다른 교통에 방해가 되지 않도록 녹색등화 동안 교차로 안에서 대기하는 지점을 표시하는 것
	이륜자동차 및 원동기장치 자전거의 통행금지 규제표지		자동차와 이륜자동차 및 원동기장치자전거는 08:00~20:00 통행을 금지

	**주차금지 규제표지:** 승객을 내려주기 위해 일시적으로 정차할 수 있다.		**중앙분리대시작표지:** 전방에 중앙 분리대가 시작되는 도로가 있으므로 감속 운행
	노인보호 안전표지로부터 200미터 구간까지 노인보호구역임을 알리는 것		상습정체구간에서 차로를 잘 지키도록 보조표지인 교통규제표지를 사용한 것임
	전방 50미터 지점에 회전교차로가 있다는 표시		터널 안 노폭이 3.5미터를 알리는 표시

이륜자동차 운전면허 학과시험

PART 01

이륜자동차 운전면허시험 합격 위한 **핵심요약**

01 "도로교통법의 목적"은 : 도로에서 일어나는 교통상의 모든 위험과 장해를 방지하고 제거하여 안전하고 원활한 교통을 확보함을 목적으로 한다.

02 "정의" : 이 법에서 사용하는 용어의 뜻은 다음과 같다.

용어	뜻
차로	차마가 한 줄로 도로의 정하여진 부분을 통행하도록 차선으로 구분한 도로의 부분을 말한다.
차도	연석선(차도와 보도를 구분하는 돌 등으로 이어진 선을 말한다), 안전표지 또는 그와 비슷한 인공구조물을 이용하여 경계(境界)를 표시하여 모든 차가 통행할 수 있도록 설치된 도로의 부분을 말한다.
차선	차로와 차로를 구분하기 위하여 그 경계지점을 안전표지로 표시한 선을 말한다.
보도(步道)	연석선, 안전표지나 그와 비슷한 인공구조물로 경계를 표시하여 보행자(유모차와 행정안전부령으로 정하는 보행보조용 의자차를 포함)가 통행할 수 있도록 한 도로의 부분을 말한다.
길가장자리 구역	보도와 차도가 구분되지 아니한 도로에서 보행자의 안전을 확보하기 위하여 안전표지 등으로 경계를 표시한 도로의 가장자리 부분을 말한다.
차마	다음 각 목의 차와 우마를 말한다. 가. "차"란 다음의 어느 하나에 해당하는 것을 말한다. 1) 자동차 2) 건설기계 3) 원동기장치자전거 4) 자전거 5) 사람 또는 가축의 힘이나 그 밖의 동력(動力)으로 도로에서 운전되는 것. 다만, 철길이나 가설(架設)된 선을 이용하여 운전되는 것, 유모차와 행정안전부령으로 정하는 보행보조용 의자차는 제외한다(행정안전부령이 정하는 보행보조용 의자차 : 식품의약품안전처장이 정하는 의료기기의 규격에 따른 수동휠체어, 전동휠체어 및 의료용 스쿠터의 기준에 적합한 것을 말한다). 나. "우마"란 교통이나 운수(運輸)에 사용되는 가축을 말한다.
자동차	철길이나 가설된 선을 이용하지 아니하고 원동기를 사용하여 운전되는 차(견인되는 자동차도 자동차의 일부로 본다)로서 다음 각 목의 차를 말한다. 가. 「자동차관리법」 제3조에 따른 다음의 자동차. 다만, 원동기장치자전거는 제외한다. 1) 승용자동차 2) 승합자동차 3) 화물자동차 4) 특수자동차 5) 이륜자동차 나. 「건설기계관리법」 제26조 제1항 단서에 따른 건설기계(덤프트럭, 아스팔트살포기, 노상안정기, 콘크리트믹서트럭, 콘크리트펌프, 트럭적재식천공기)
원동기장치 자전거	다음 각 목의 어느 하나에 해당하는 차를 말한다. 가. 「자동차관리법」에 따른 이륜자동차 가운데 배기량 125시시 이하(전기를 동력으로 하는 경우에는 최고정격출력 11킬로와트 이하)의 이륜자동차 나. 그 밖에 배기량 125시시 이하(전기를 동력으로 하는 경우에는 최고정격출력 11킬로와트 이하)의 원동기를 단 차(전기자전거 제외)
개인형 이동장치	• 원동기장치자전거 중 시속 25킬로미터 이상으로 운행할 경우 전동기가 작동하지 아니하고 차체 중량이 30킬로그램 미만인 것으로서 행정안전부령으로 정하는 것을 말한다. • 원동기장치자전거를 운전할 수 있는 운전면허를 받지 아니하거나(원동기장치자전거를 운전 할 수 있는 운전면허의 효력이 정지된 경우를 포함) 국제운전면허증 중 원동기장치자전거를 운전할 수 있는 것으로 기재된 국제운전면허증을 발급받지 아니하고(운전이 금지된 경우와 유효기간이 지난 경우를 포함) 개인형 이동장치를 운전한 사람에 대한 벌칙은 20만원 이하 벌금이나 구류 또는 과료에 처한다.
자전거	「자전거 이용 활성화에 관한 법률」 제2조 제1호 및 제1호의2에 따른 자전거 및 전기자전거를 말한다.
전기 자전거	자전거로서 사람의 힘을 보충하기 위하여 전동기를 장착하고 다음 각 목의 요건을 모두 충족하는 것을 말한다.

	가. 페달(손페달을 포함한다)과 전동기의 동시 동력으로 움직이며, 전동기만으로는 움직이지 아니할 것 나. 시속 25킬로미터 이상으로 움직일 경우 전동기가 작동하지 아니할 것 다. 부착된 장치의 무게를 포함한 자전거의 전체 중량이 30킬로그램 미만일 것 **[전기자전거 안전요구사항]** －전기자전거의 모터 정격 출력은 350W 이하이어야 한다. －전기자전거용 전지 정격전압은 DC 48V를 넘지 않아야 한다.
자동차등	자동차와 원동기장치자전거를 말한다.
자전거등	자전거와 개인형 이동장치를 말한다.
긴급 자동차	다음 각 목의 자동차로서 그 본래의 긴급한 용도로 사용되고 있는 자동차를 말한다. 가. 소방차 나. 구급차 다. 혈액 공급차량 라. 그 밖에 대통령령으로 정하는 자동차
주차	운전자가 승객을 기다리거나 화물을 싣거나 차가 고장 나거나 그 밖의 사유로 차를 계속 정지 상태에 두는 것 또는 운전자가 차에서 떠나서 즉시 그 차를 운전할 수 없는 상태에 두는 것을 말한다.
정차	운전자가 5분을 초과하지 아니하고 차를 정지시키는 것으로서 주차 외의 정지 상태를 말한다.
운전	도로(술에 취한 상태에서의 운전 금지, 과로한 때 등의 운전 금지, 사고발생 시의 조치, 주·정차된 차만 손괴한 것이 분명한 경우에 피해자에게 인적 사항을 제공하지 아니한 사람의 경우에는 도로 외의 곳을 포함한다)에서 차마 또는 노면전차를 그 본래의 사용방법에 따라 사용하는 것(조종을 포함한다)을 말한다.
초보 운전자	처음 운전면허를 받은 날(처음 운전면허를 받은 날부터 2년이 지나기 전에 운전면허의 취소처분을 받은 경우에는 그 후 다시 운전면허를 받은 날)부터 2년이 지나지 아니한 사람을 말한다. 이 경우 원동기장치자전거면허만 받은 사람이 원동기장치자전거면허 외의 운전면허를 받은 경우에는 처음 운전면허를 받은 것으로 본다.
서행	운전자가 차 또는 노면전차를 즉시 정지시킬 수 있는 정도의 느린 속도로 진행하는 것을 말한다.
앞지르기	차의 운전자가 앞서가는 다른 차의 옆을 지나서 그 차의 앞으로 나가는 것을 말한다.
일시정지	차 또는 노면전차의 운전자가 그 차 또는 노면전차의 바퀴를 일시적으로 완전히 정지시키는 것을 말한다.

03 유도선 : 교차로에서 통행하여야 할 방향을 유도하는 선을 표시하는 것

04 교통섬 : 보행자를 보호하거나 또는 차량의 동선을 명확하게 제시하기 위해서 차선 사이에 설정한 구역

05 「도로교통법」상 제2종 소형면허를 취득할 수 있는 연령 기준 : 18세 이상(원동기장치자전거면허는 16세 이상)

06 원동기장치자전거 면허를 받은 사람이 제2종 소형면허를 취득하고자 할 때 면제되는 시험은 : 적성, 법령, 점검(기능은 면제되지 않는다)

07 제2종 소형면허를 받은 사람이 제2종 보통면허를 취득하고자 할 때 면제되는 시험은 : 적성

08 이륜자동차의 구조물을 변경하는 경우 : 해당 지방자치단체의 장에게 신고해야 한다. 이륜자동차의 구조물 변경은 사용신고하면 할 수 있으며 이륜자동차의 구조물을 불법으로 개조하는 경우 처벌대상이다.

09 「자동차관리법」상 이륜자동차의 사용신고 대상 최고속도는 : 매시 25킬로미터 이상

10 「자동차관리법령」상 이륜자동차에 번호판을 부착하지 않고 운행한 운전자에게 부과하는 과태료는(1회 위반한 경우) : 30만원

11 「자동차관리법령」상 이륜자동차의 소유권이 매매로 인해 이전된 경우에 변경신고 기한은 : 매수한 날로부터 15일 이내

12 「자동차손해배상보장법령」상 이륜자동차 사용 신고 시 반드시 가입해야 하는 보험은 : 책임보험

13 자동차 및 자동차부품의 성능과 기준에 관한 규칙 :
(길이 · 너비 · 높이) 이륜자동차는 측차를 제외한 공차상태에서 길이 2.5미터(대형의 경우에는 4미터), 너비 2미터, 높이 2미터를 초과하여서는 아니 된다.
(차량총중량) 이륜자동차의 차량총중량은 일반형 및 특수형의 경우에는 600킬로그램, 기타형의 경우에는 1천킬로그램을 초과하지 아니하여야 한다.

14 전기자동차의 고전압 배터리 시스템에 화재 발생 시 주의사항 :
① 화재가 발생한 경우 신속히 시동을 끈다.
② 소화 시 이산화탄소를 액화해 충전한 소화기를 사용한다.
③ 화재진압이 불가능한 경우에는 안전한 곳으로 대피한다.
④ 소방서 등에 연락하여 전기자동차 화재임을 즉시 알리고 조치를 받는다.

15 운전행동과정의 순서는 : 인지 → 판단 → 조작

16 주간보다 야간 운전에 나타날 위험성이 가장 높은 것은 : 시야의 제한 및 시인성 저하

17 「도로교통법」상 원동기장치자전거 운전자의 위반 행위로 처벌되지 않는 것은 : 원동기장치자전거 앞면 창유리의 가시광선 투과율

18 경미한 부상자가 피를 흘리고 있을 경우 응급처치 요령은 : 심장과 가까운 곳을 세게 묶어 지혈하며 출혈 부위는 심장보다 높은 곳에 있어야 한다.

19 「도로교통법」상 과로(졸음운전 포함)로 인하여 정상적으로 운전하지 못할 우려가 있는 상태에서 자동차를 운전한 사람에 대한 벌칙은 : 30만원 이하의 벌금이나 구류에 처한다.

20 음주가 운전 능력에 미치는 영향은 : 반응을 느리게 만들며 인지력과 운전능력 및 집중력을 저하시킨다.

21 우측통행 원칙 : 보행자 안전 및 보행 문화 정착을 위한 보행자의 통행 방법이다.

22 도로의 중앙을 통행할 수 있는 사람 또는 행렬 : 사회적으로 중요한 행사에 따라 시가행진하는 행렬

23 보행보조용 의자차의 기준 : "행정안전부령이 정하는 보행보조용 의자차" 란 식품의약품안전처장이 정하는 의료기기의 규격에 따른 수동휠체어, 전동휠체어 및 의료용 스쿠터의 기준에 적합한 것을 말한다.

24 횡단보도를 설치하고자 하는 도로의 표면이 포장이 되지 아니하여 횡단보도표시를 할 수 없는 때에는 : 횡단보도표지판을 설치할 것. 이 경우 그 횡단보도표지판을 횡단보도의 너비를 표시하는 보조표지를 설치하여야 한다.

25 보도와 차도가 구분되지 아니한 도로에서 보행자는 : 차마와 마주보는 방향의 길가장자리 또는 길가장자리구역으로 통행하여야 한다.

26 이륜차 및 원동기장치자전거의 통행차로는 : 오른쪽차로를 이용하여 통행한다.

27 일반도로에서는 : 법정속도를 준수해야 하며 법정속도보다 안전표지가 지정하고 있는 제한속도를 우선 준수해야 한다.

28 교통안전시설이 표시하는 신호 또는 지시와 교통정리를 위한 경찰공무원 등의 신호 또는 지시가 다른 경우 : 경찰공무원 등의 신호 또는 지시에 따라야 한다.

29 편도 4차로 일반도로에서 이륜자동차의 주행차로는 : 3, 4차로

30 이륜자동차가 밤에 도로에서 정차 또는 주차하는 경우 켜야 하는 등화는 : 미등(후부반사기를 포함)을 켜야 한다.

31 교차로 내에서 앞에 진행하는 차의 좌측을 통행하여 앞지르기한 경우 위반 내용은 : 앞지르기 금지 장소 위반

32 이륜자동차가 긴급자동차에 대한 양보 · 일시정지를 위반한 경우 : 범칙금 4만원

33 긴급한 용도임에도 경광등을 켜지 않아도 되는 긴급자동차는 : 속도에 관한 규정을 위반하는 자동차 등을 단속하는 경우의 긴급자동차와 국내외 요인에 대한 경호 업무 수행에 공무로 사용되는 자동차

34 이륜자동차 운전자가 보호구역이 아닌 도로에서 신호위반하여 중상 2명의 인적피해 교통사고를 발생시킨 경우 벌점은 : 45점(신호위반 벌점 15점, 중상 1명당 15점)

35 「도로교통법령」상 보호구역은 : 어린이·노인·장애인 보호구역

36 어린이 보호구역 내에서 오전 8시부터 오후 8시까지 사이에 벌점 또는 범칙금, 과태료 등이 가중처벌 되는 경우 : 신호·지시위반, 속도위반, 보행자 통행방해

37 이륜자동차 운전자가 오전 9시경 제한속도 매시 30킬로미터인 어린이 보호구역에서 매시 72킬로미터 속도로 주행한 경우 범칙금과 벌점은 : 8만원, 60점

38 이륜자동차 운전자가 어린이를 태우고 있다는 표시를 하고 도로를 통행하는 어린이통학버스를 앞지르기한 경우 범칙금과 벌점은 : 6만원, 30점

39 이륜자동차 운전자가 어린이 보호구역 내에서 운전 중 안전운전 불이행으로 어린이를 다치게 하였을 경우 : 형사처벌 받는다.

40 서행할 때 수신호 방법은 : 팔을 차체의 밖으로 내어 45도 밑으로 펴서 상하로 흔든다.

41 이륜자동차 운전자가 교차로에서 좌회전하려고 할 경우 : 미리 도로의 중앙선을 따라 서행하면서 교차로의 중심 안쪽을 이용하여 좌회전한다.

42 이륜자동차 운전자가 자전거전용차로로 주행하는 경우 : 일반도로 전용차로 통행 위반으로 3만원의 범칙금으로 통고 처분

43 적색 등화의 점멸의 뜻은 : 차마는 정지선이나 횡단보도가 있을 때에는 그 직진이나 교차로의 직전에 일시정지한 후 다른 교통에 주의하면서 진행할 수 있다.

44 정차 및 주차의 금지 : ① 안전지대로부터 10미터 이내, ② 버스정류장으로부터 10미터 이내, ③ 도로모퉁이로부터 5미터 이내, ④ 횡단보도로부터 10미터 이내

45 서행해야 할 장소는 : 도로가 구부러진 부근, 교통정리를 하고 있지 아니하는 교차로, 비탈길의 고갯마루 부근, 가파른 비탈길의 내리막 등

46 황색 점선으로 설치한 가장자리 구역선의 의미는 : 주차는 금지되고 정차는 할 수 있다.

47 "가변차로"란 : 시간대에 따라 양방향의 통행량이 뚜렷하게 다른 도로에는 교통량이 많은 쪽으로 차로의 수가 확대될 수 있도록 신호기에 의하여 차로의 진행방향을 지시하는 차로이다.

48 가변차로에서 적색 X표 표시 등화의 점멸의 뜻은 : 차마는 X표가 있는 차로로 진입할 수 없고, 이미 차마의 일부라도 진입한 경우에는 신속히 그 차로 밖으로 진로를 변경하여야 한다.

49 "가변형 속도제한 표지로 최고속도를 정한 경우"는 : 가변형 속도제한 표지로 정한 최고속도와 그 밖의 안전표지로 정한 최고속도가 다를 때에는 가변형 속도제한 표지에 따라야 한다.

50 「도로교통법령」상 차량 신호등의 종류는 : 보행 신호등, 자전거 신호등, 버스 신호등

51 영상기록매체에 의하여 입증될 경우 고용주 등에게 과태료를 부과할 수 있는 경우 : 차가 신호위반, 통행구분 위반, 중앙선 침범, 지정차로 위반, 전용차로 위반, 제한속도 위반, 끼어들기, 교차로 통행방법 위반, 보행자보호 불이행, 긴급자동차 우선통행 위반, 주·정차 위반, 적재물 추락방지 조치 위반

52 앞지르기 금지의 시기 및 장소

① 모든 차의 운전자는 다음 각 호의 어느 하나에 해당하는 경우에는 앞차를 앞지르지 못한다.
  1. 앞차의 좌측에 다른 차가 앞차와 나란히 가고 있는 경우
  2. 앞차가 다른 차를 앞지르고 있거나 앞지르려고 하는 경우

② 모든 차의 운전자는 다음 각 호의 어느 하나에 해당하는 다른 차를 앞지르지 못한다.
  1. 이 법이나 이 법에 따른 명령에 따라 정지하거나 서행하고 있는 차
  2. 경찰공무원의 지시에 따라 정지하거나 서행하고 있는 차
  3. 위험을 방지하기 위하여 정지하거나 서행하고 있는 차

③ 모든 차의 운전자는 다음 각 호의 어느 하나에 해당하는 곳에서는 다른 차를 앞지르지 못한다.
  1. 교차로
  2. 터널 안
  3. 다리 위
  4. 도로의 구부러진 곳, 비탈길의 고갯마루 부근 또는 가파른 비탈길의 내리막 등 시·도경찰청장이 도로에서의 위험을 방지하고 교통의 안전과 원활한 소통을 확보하기 위하여 필요하다고 인정하는 곳으로서 안전표지로 지정한 곳

53 일반도로의 '터널구간'에 대한 겨울철 특성 : 터널의 입구와 출구는 일반도로보다 빨리 얼고 늦게 해빙되므로, 터널 진입 전 충분히 감속하여야 한다.

54 이륜자동차를 운전 중 승차인원이 없는 주차된 차량과 사고를 유발한 경우 적절한 조치는 : 사고가 발생한 상대 차량 소유주에게 이름과 전화번호 등을 제공해야 한다.

55 주행 중 이륜자동차의 엔진 시동이 갑자기 꺼진 경우 조치는 : 2차사고 예방을 위해 도로의 가장자리로 이동하여 고장자동차의 표지를 설치한 후 안전이 확보된 상태에서 점검한다. 특히 터널 안은 매우 위험하므로 비상주차대를 이용하여 정차한 후 비상전화로 신고하여야 한다.

56 교통사고 발생 시 가장 먼저 취해야 할 응급조치 방법은 : 응급조치란 돌발적인 각종 사고로 인한 부상자나 병의 상태가 위급한 환자를 대상으로 전문인에 의한 치료가 이루어지기 전에 실시하는 즉각적이고 임시적인 처치로 병의 악화와 상처의 조속한 처치를 위해 행하여지는 모든 행동을 말한다. 교통사고로 인한 호흡과 의식이 없는 부상자 발생 시에는 가장 먼저 가슴압박을 실시한 후 기도확보, 인공호흡 순으로 실시한다. 또한 함부로 부상자를 움직이지 않고 전문의료진이 도착할 때까지 가급적 그대로 두는 것이 좋다.

57 「도로교통법」상 '운전'에 해당하는 것은 : 「도로교통법」에서 규정하고 있는 운전의 개념에는 혈중알코올농도 0.03퍼센트 이상 주취운전과 마약 등으로 인해 정상적인 운전이 어려운 상태에서 도로 외에서의 운전도 포함한다.

58 이륜자동차 또는 원동기장치자전거의 교통사고 특징은 : 자동차보다 최고속도는 느리지만, 교통사고 발생 시 운전자가 외부로 노출되어 차도로 추락하거나, 그 추락으로 다른 차에 충돌되는 경우가 많다. 또 차체의 제어력이 사륜차보다 떨어지기 때문에 교통사고를 피하기 어렵고 쉽게 넘어지는 경향이 있다.

59 이륜자동차 운전자가 동승자에게 인명보호 장구를 착용시키지 않았을 경우 : 과태료 2만원

60 교통사고 발생 시 현장에서 운전자가 취해야 할 순서는 : 즉시 정차 → 사상자 구호 → 경찰서 신고

61 이륜자동차 운행 중 부주의로 보행자를 충돌하여 보행자가 쓰러진 경우 가장 먼저 해야 할 응급조치는 : 가장 먼저 의식이 있는지를 파악하여야 한다.

62 이륜자동차 운전자가 어린이 보호구역 내에서 제한속도를 위반하여 어린이를 다치게 했을 때와 보도를 주행 중 지나가는 보행자를 다치게 했을 경우의 처벌은 : 종합보험가입 여부 및 피해자와 합의 여부와 상관없이 형사입건된다.

63 운전자가 자동차 등의 운전 중에 휴대용 전화 사용이 가능한 경우 : 자동차 등이 정지하고 있거나, 각종 범죄 신고 등 긴급한 경우, 긴급 자동차 등을 이용하는 경우 등에만 휴대전화 사용이 가능하다. 또한 안전운전에 장애를 주지 않는 장치인 손으로 잡지 아니하고 휴대전화를 사용할 수 있는 장치인 경우에도 사용이 가능하며 기타 이동 중에는 사용할 수 없다.

64 원동기장치자전거(개인형 이동장치 제외)의 운전자가 통행할 수 없는 경우는 : 원동기장치자전거는 이륜자동차 중 배기량 125cc 이하의 것을 말한다. 차로에 따른 통행차의 기준에 따르면 원동기장치자전거(개인형 이동장치 제외)는 오른쪽차로에서 통행 가능하다. 1개로 설치된 좌회전 차로에서 원동기장치자전거는 통행 가능하다. 차마의 운전자는 길가장자리구역으로 통행하여서는 아니 된다. 고속도로 외 도로에서의 오른쪽 차로 통행차에서 개인형 이동장치는 제외된다.

65 운전면허의 종류는 :
1. 제1종 운전면허 : 대형면허, 보통면허, 소형면허, 특수면허(대형견인차면허, 소형견인차면허, 구난차면허)
2. 제2종 운전면허 : 보통면허, 소형면허, 원동기장치자전거면허
3. 연습운전면허 :
   가. 제1종 보통연습면허
   나. 제2종 보통연습면허

66 이륜자동차 운전 중 영상표시장치를 조작한 경우 : 범칙금 4만원, 벌점 15점

67 운전면허 없이 원동기장치자전거를 운전하여 형사 입건 되었을 때 운전면허 취득 결격기간은 : 벌금 미만의 형이 확정되거나 선고유예의 판결이 확정된 경우 또는 기소유예나 소년법 제32조에 따른 보호처분의 결정이 있는 경우에는 운전면허 취득 결격기간을 부여하지 않는다.

68 운전면허 행정처분을 반드시 취소해야 하는 경우는 : 혐의 없음, 불기소처분을 받거나 무죄확정 판결을 받은 경우

69 이륜자동차 운전자가 보복할 목적으로 뒤따르는 승용차 앞에서 급제동한 경우 : 형법상 특수협박죄가 적용되어 형사입건된다.

70 「유료도로법령」상 그 통행료 외에 할인받은 통행료의 10배 부가통행료 부과 사유는 :

① 통행권을 위조 또는 변조하여 할인받은 경우
② 자신의 통행권을 타인의 통행권과 교환하여 할인받은 경우
③ 타인 소유의 통행료 감면대상자임을 증명하는 증표를 행사하여 할인받은 경우

71 이륜자동차가 자전거 우선도로에서 주행 중 자전거가 진입하려고 하는 경우 : 자전거가 자전거 우선도로에 진입할 수 있도록 양보한다.

72 자전거횡단도를 이용할 수 있는 것은 : 전동 킥보드, 전동 이륜평행차

73 이륜자동차의 특징은 :

1. 보호막이 없고 균형유지가 어렵다.
2. 커브길에서 미끄러질 수 있다.
3. 야간에는 오토바이가 잘 보이지 않는다.
4. 자동차 운전자의 시야를 벗어나기 쉽다.
5. 눈, 비가 올 때 급제동하면 미끄러지기 쉽다.
6. 1차 사고의 피해보다 2차 사고의 피해가 크다.

74 이륜자동차의 앞지르기 방법은 : 다른 자동차와 마찬가지로 앞차의 좌측으로 앞지르기해야 한다.

75 이륜자동차 타이어의 특성은 : 회전할 때 원심력과 균형 유지를 위해 타이어 단면 형상이 원형의 구조로 되어 있으며, 트레드가 있고, 앞바퀴와 뒷바퀴의 크기가 다르다.

76 이륜자동차가 차로변경 시 타이밍 잡는 법

1. 뒤따르는 차와 거리가 있을 때 : 속도를 유지한 채 진로 변경, 속도를 유지하여 뒤차가 따라오지 않도록 한다.
2. 뒤따르는 차가 접근하고 있을 때 : 속도를 늦추어 뒤차를 먼저 통과시킨다. 가속하면서 진로 변경한다.

77 이륜자동차 운전자의 준수사항은 :

① 차등을 급히 출발시키거나 속도를 급격히 높이지 않는 행위
② 차등의 원동기 동력을 바퀴에 전달시키지 아니하고 원동기의 회전수를 증가시키지 않는 행위
③ 반복적이거나 연속적으로 경음기를 울리지 않는 행위
④ 좌우로 줄지어 통행하면서 다른 사람에게 위해를 주거나 교통상의 위험을 발생시키지 않는 행위

78 이륜자동차가 밤에 도로에서 운행하는 경우 켜야 하는 등화의 종류는 : 전조등과 미등

79 이륜자동차의 적재용량은 : 지상으로부터 2미터의 높이

80 이륜자동차가 고속도로나 자동차전용도로를 주행할 경우와 과로 · 질병으로 인하여 정상적으로 운전하지 못할 우려가 있는 상태에서 운전한 경우에 대한 각각 처벌 기준은 : 30만원 이하의 벌금이나 구류

81 이륜자동차가 눈길이나 빙판길 주행 중 갑자기 미끄러질 때 안전한 운전 방법은 : 미끄러지는 방향으로 핸들을 돌린다.

82 이륜자동차의 야간 운전이 주간 운전보다 위험성이 높은 이유는 : 물체 인식의 어려움과 시인성 저하

83 이륜자동차의 타이어의 단면 형상이 원형인 구조를 가지는 것은 : 회전할 때 원심력과 균형을 유지하기 위함이다.

84 이륜자동차가 방향을 전환하거나 회전할 때 가장 영향을 미치는 것은 : 전환하는 방향으로 차체와 운전자의 몸을 기울여서 회전하기 때문이다.

85 이륜자동차 승차용 안전모의 무게기준은 : 2킬로그램 이하일 것

86 이륜자동차는 커브길을 안전하게 진행하려면 : 아웃–인–아웃의 방법으로 진행하는 것이 주행 안정성을 유지하기에 용이하고, 코너링 할 때에는 린 위드, 린인, 린 아웃의 방법 중 승차자의 무게 중심과 이륜자동차의 무게 중심이 겹치는 린위드 방식이 가장 안정적이다.

87 이륜자동차 운전자의 시야와 시점은 :
① 위·아래가 길고, 수평선이 높고, 자동차 운전자의 시야와 시점은 좌·우가 길고 수평선이 낮다.
② 이륜자동차를 운전할 때 시야와 시점의 분배는 시점은 멀리 두고, 시야는 넓게 가져야 한다.

88 이륜자동차의 2인 승차(텐덤, tandem)한 경우 :
① 무게가 증가하여 가속력은 떨어지고 원심력은 커진다.
② 운전자와 동승자의 일체화된 균형이 매우 중요하다.
③ 감속할 때 운전자와 동승자의 호흡이 매우 중요하기 때문에 미리 동승자에게 방법을 설명한다.
④ 눈이나 비가 와서 노면이 미끄러울 때에는 동승하지 않는다.

89 이륜자동차 코너링 자세 중 포장도로에서 고속주행 시 사용하는 자세는 : 린 인(lean in)
① 린 인(lean in) – 린 아웃의 반대로 이륜자동차를 많이 기울이지 않고 운전자가 안쪽으로 상체를 기울이는 자세로 시야는 좋지 않으나 포장도로에서 고속주행 시 사용하는 자세
② 린 아웃(lean out) – 이륜자동차 내측으로 기울인 각도보다 운전자가 상체를 일으킨 자세로 시야가 넓으며 비포장도로에서 사용하는 자세
③ 린 위드(lean with) – 이륜자동차와 운전자가 똑같은 경사각도를 이루어 내측으로 기울이는 자세로 가장 기본적이며 안정된 자세

90 이륜자동차의 곡선구간 주행방법은 :
① 커브 진입 시 커브의 크기에 맞추어 감속한다.
② 시야는 넓게 하고 시점은 멀리하면서 자연스럽게 회전한다.
③ 회전할 때는 일정한 속도를 유지한다.
④ 원심력과 중력과의 균형을 잘 이루어야 한다.

91 이륜자동차에 사용되는 브레이크의 종류는 : 앞바퀴 브레이크와 뒷바퀴 브레이크, 엔진 브레이크가 사용된다.

92 "「도로교통법」상 4색 등화의 횡형신호등 배열순서"는 : 좌로부터 적색·황색·녹색화살표·녹색의 순서로 한다.

93 "비보호좌회전"은 :
① 비보호 좌회전 안전표지가 있고, 차량신호가 녹색신호이고, 마주 오는 차량이 없을 때 회전할 수 있다.
② 녹색등화에서 비보호좌회전 때 사고가 발생하면 안전운전 의무위반으로 처벌된다.

94 "고원식 횡단보도"란 : 제한속도를 시속 30킬로미터 이하로 제한할 필요가 있는 도로에서 횡단보도를 노면보다 높게 하여 운전자의 주의를 환기시킬 필요가 있는 지점에 설치한다.

95 "노면표시의 구분"은
- 백색 실선 : 차로 변경 제한선
- 백색 점선 : 안전을 살피고 차로 변경이 가능한 표시
- 황색 실선의 중앙선 : 넘어서는 안 되는 표시
- 황색 점선의 중앙선 : 안전을 살피고 앞지르기를 할 수 있는 표시

96 "어린이보호구역 안에 설치하는 속도제한표시의 테두리선의 색채"는 : 빨간색

97 "도로의 구간 또는 장소에 선으로 설치되는 노면표시(선)의 색채"는
- 중앙선 : 노란색
- 안전지대 : 노란색이나 흰색
- 버스전용차로 : 파란색
- 주차 금지표시 및 정차·주차금지 : 노란색
- 소방시설 주변 정차·주차금지 : 적색

98 "신호등이 적색일 때 정지선을 초과하여 정지한 경우"는 : 신호위반이다.

99 "경찰공무원을 보조하는 사람의 범위"는 :
- 모범운전자
- 군사훈련 및 작전에 동원되는 부대의 이동을 유도하는 군사경찰
- 본래의 긴급한 용도로 운행하는 소방차·구급차를 유도하는 소방공무원

100 "「교통약자의 이동편의 증진법」상 장애인"은 : 고령자, 임산부, 영·유아를 동반한 사람, 어린이 등 일상생활에서 이동에 불편함을 느끼는 사람

101 "앞을 보지 못하는 사람에 준하는 사람"은 :

- 듣지 못하는 사람
- 신체의 평형기능에 장애가 있는 사람
- 의족 등을 사용하지 아니하고는 보행을 할 수 없는 사람

102 도로교통법령상 "전용차로의 종류"는 : 버스 전용차로, 다인승 전용차로, 자전거전용차로 3가지로 구분한다.

103 "「도로교통법」상 전용차로 통행차 외에 전용차로로 통행할 수 있는 경우"는

- 긴급자동차가 그 본래의 긴급한 용도로 운행되고 있는 경우
- 도로의 파손 등으로 전용차로가 아니면 통행할 수 없는 경우
- 전용차로 통행차의 통행에 장해를 주지 아니하는 범위에서 택시가 승객을 태우기 위하여 일시 통행하는 경우

104 "자전거등의 운전자는 자전거도로 및 「도로법」에 따른 도로를 운전할 때"는 : 인명보호 장구를 착용하여야하며, 동승자에게도 이를 착용하도록 하여야 한다. 다만 자전거 운전자가 인명보호 장구를 착용하지 않았을 때는 처벌 규정이 없다.

105 "「도로교통법」상 자전거를 타고 보도 통행을 할 수 있는 사람"은 :

- 「장애인복지법」에 따라 신체장애인으로 등록된 사람
- 어린이
- 「국가유공자 등 예우 및 지원에 관한 법률」에 따른 국가유공자로서 상이등급 제1급부터 제7급까지에 해당하는 사람

106 "어린이 보호구역 내의 차로가 설치되지 않은 좁은 도로에서 자전거를 주행하여 보행자 옆을 지나갈 때 안전한 거리를 두지 않고 서행하지 않은 경우와 승용차가 자전거 전용차로를 통행하다 단속되는 경우 부과되는 범칙금"은 : 4만원

107 "최고제한속도"는 : 편도 2차로의 일반도로는 매시 80킬로미터, 자동차전용도로는 매시 90킬로미터(최저제한속도 매시 30킬로미터), 서해안고속도로는 매시 110킬로미터, 편도 1차로 고속도로는 매시 80킬로미터(최저제한속도 매시 50킬로미터)

108 최고속도의 100분의 20을 줄인 속도로 운행하여야 하는 경우 : 비가 내려 노면이 젖어있는 경우와 눈이 20밀리미터 미만 쌓인 경우이다.
최고속도의 100분의 50을 줄인 속도로 운행하여야 하는 경우 : 폭우・폭설・안개 등으로 가시거리가 100미터 이내인 경우, 노면이 얼어붙은 경우, 눈이 20밀리미터 이상 쌓인 경우이다.

109 "최고속도 위반으로 자동차등(개인형 이동장치 제외)을 운전한 경우의 처벌기준"은 :

- 시속 100킬로미터를 초과한 속도로 3회 이상 자동차등을 운전한 사람은 1년 이하의 징역이나 500만원 이하의 벌금
- 시속 100킬로미터를 초과한 속도로 자동차등을 운전한 사람은 100만원 이하의 벌금 또는 구류
- 시속 80킬로미터를 초과한 속도로 자동차등을 운전한 사람은 30만원 이하의 벌금 또는 구류

110 일반도로에서 이륜자동차 운전자가 준수해야 할 속도는 : 법정속도, 제한속도, 최고속도이다.

111 "5030정책"은 : 속도 저감을 통한 도로교통 참가자의 안전을 위한 정책으로 주거, 상업, 공업지역의 일반도로는 매시 50킬로미터 이내. 단, 시・도경찰청장이 특히 필요하다고 인정하여 지정한 노선 또는 구간에서는 매시 60킬로미터 이내로 자동차등과 노면전차의 통행속도를 정함.

112 "앞지르기금지 장소" : 교차로, 다리 위, 터널 안

113 "교차로 통행방법"은 :
모든 차의 운전자는 신호기로 교통정리를 하고 있는 교차로에 들어가려는 경우에는 진행하려는 차로의 앞쪽에 있는 차의 상황에 따라 교차로(정지선이 설치되어 있는 경우에는 그 정지선을 넘은 부분)에 정지하게 되어 다른 차의 통행에 방해가 될 우려가 있는 경우에 교차로에 들어가면 교차로통행방법 위반이다.

114 "교통정리가 없는 교차로 통행방법"은 :

- 교차로에 들어가려고 하는 차의 운전자는 이미 교차로에 들어가 있는 다른 차가 있을 때에는 그 차에 진로를 양보하여야 한다.
- 교차로에 들어가려고 하는 차의 운전자는 그 차가 통행하고 있는 도로의 폭보다 교차하는 도로의 폭이 넓은 경우에는 서행하여야 하며, 폭이 넓은 도로로부터 교차로에 들어가려고 하는 다른 차가 있을 때에는 그 차에 진로를 양보하여야 한다.
- 우선순위가 같은 차가 교차로에 동시에 들어가고자 하는 때에는 우측 도로의 차에 진로를 양보한다.

• 좌회전하고자 하는 차의 운전자는 그 교차로에서 직진 또는 우회전하려는 차에 진로를 양보한다.

115 딜레마 존 : 진행방향 신호가 바뀌는 것을 보고 정지선에 서야 할지 아니면 진행해야 할지를 결정해야 하는 구간을 말한다. 딜레마 존이 발생할 수 있는 황색신호에서 적절한 운전행동은 다음과 같다.

① 교차로 진입 전 속도를 줄이고 황색신호일 때 정지선 직전에서 일시정지하여야 한다.
② 미리 속도를 줄이지 않고 과속으로 진입하다가 교차로 진입 직전에 갑자기 황색으로 바뀌면 정지하지도 그대로 주행하지도 못하는 딜레마 존에 빠지게 되어 위험한 상황을 맞게 됨에 주의하여야 한다.
③ 딜레마존 상황에서 갑자기 급제동을 하게 되면 뒤따르는 차와의 추돌사고가 생길 수 있다,

116 "긴급자동차"는 :

자동차의 안전 운행에 필요한 기준에서 정한 긴급자동차의 구조를 갖추어야 하고, 우선 통행 및 긴급자동차에 대한 특례와 그 밖에 법에서 규정된 특례의 적용을 받고자 하는 때에는 사이렌을 울리거나 경광등을 켜야 한다. 다만, 속도에 관한 규정을 위반하는 자동차 등을 단속하는 경우의 긴급자동차와 국내외 요인에 대한 경호업무 수행에 공무로 사용되는 자동차는 그러하지 아니하다.

117 "긴급자동차의 우선 통행"은 :

• 긴급하고 부득이한 경우에는 도로의 중앙이나 좌측 부분으로 통행할 수 있다.
• 「도로교통법」이나 이 법에 따른 명령에 따라 정지하여야 하는 경우에도 불구하고 긴급하고 부득이한 경우에는 정지하지 아니할 수 있다.
• 긴급자동차의 운전자는 위의 내용에 따라 운전할 경우 교통안전에 특히 주의하면서 통행하여야 한다.
• 교차로나 그 부근에서 긴급자동차가 접근하는 경우에는 차마와 노면전차의 운전자는 교차로를 피하여 일시정지하여야 한다.
• 모든 차와 노면전차의 운전자는 위 장소 이외의 곳에서 긴급자동차가 접근한 경우에는 긴급자동차가 우선 통행할 수 있도록 진로를 양보하여야 한다.

118 "긴급한 용도 외에 경광등 등을 사용할 수 있는 경우"

해당 자동차를 그 본래의 긴급한 용도로 운행하지 아니하는 경우에도 다음 어느 하나에 해당하는 경우에는 「자동차관리법」에 따라 해당 자동차에 설치된 경광등을 켜거나 사이렌을 작동할 수 있다.

• 소방차가 화재 예방 및 구조·구급 활동을 위하여 순찰을 하는 경우
• 자동차가 그 본래의 긴급한 용도와 관련된 훈련에 참여하는 경우
• 자동차가 범죄 예방 및 단속을 위하여 순찰을 하는 경우

119 "긴급자동차에 대한 특례"는 : 자동차 등의 속도제한, 앞지르기 금지, 끼어들기의 금지를 적용하지 않는다.

120 "일반자동차가 긴급자동차로 특례 적용을 받기 위한 조건"은 : 전조등 또는 비상등을 켜거나 그 밖에 적당한 방법으로 긴급한 목적으로 운행되고 있음을 표시하여야 한다.

121 "운전자가 우회전하고자 할 때 사용하는 수신호"는 : 왼팔을 좌측 밖으로 내어 팔꿈치를 굽혀 수직으로 올린다.

122 "운전이 금지되는 술에 취한 상태의 기준"은 : 혈중알코올농도 0.03퍼센트 이상

123 "음주운전한 경우 형사처벌 기준"

위반횟수	처벌기준	
1회	0.2퍼센트 이상	2년 이상 5년 이하 징역 / 1천만원 이상 2천만원 이하 벌금
	0.08퍼센트 이상~ 0.2퍼센트 미만	1년 이상 2년 이하 징역 / 500만원 이상 1천만원 이하 벌금
	0.03퍼센트 이상~ 0.08퍼센트 미만	1년 이하 징역 / 500만원 이하 벌금
음주운전 및 측정거부 2회 이상	2년 이상 5년 이하 징역 / 1천만원 이상 2천만원 이하 벌금	
측정거부	1년 이상 5년 이하 징역 / 500만원 이상 2천만원 이하 벌금	

124 "혈중알코올농도 0.03퍼센트 이상 0.08퍼센트 미만의 단순 음주운전한 경우"는 :

• 형사처벌과 100일간의 운전면허 정지처분을 받는다.
• 혈중알코올농도 0.03퍼센트 이상의 음주 운전자가 인적 피해의 교통사고를 일으킨 경우에는 형사처벌과 운전면허 취소처분을 받는다.

125 "술에 취한 상태에서 자전거를 운전한 경우 부과되는 범칙금"은 : 3만원(음주 측정 불응한 경우에는 10만원)

126 " 공동 위험행위의 금지" :
- 자동차등의 운전자는 도로에서 2명 이상이 공동으로 2대 이상의 자동차등을 정당한 사유 없이 앞뒤로 또는 좌우로 줄지어 통행하면서 다른 사람에게 위해(危害)를 끼치거나 교통상의 위험을 발생하게 하여서는 아니 된다.
- 공동위험행위로 구속된 때에는 운전면허 취소, 형사입건된 때는 벌점 40점 부과

127 "보복운전을 예방하는 방법"은 :
- 차로 변경 때 방향지시등 켜기
- 비상점멸등 켜주기
- 양보하고 배려하기
- 지연 출발 때 3초간 배려하기
- 경음기 또는 상향 전조등으로 자극하지 않기

128 "보복운전의 위험에 처한 경우 대응방법"은 :
- 직접 대응하지 않는다.
- 심리적으로 흥분된 상태이므로 잠시 운전을 멈춘다.
- 위험한 경우 112에 신고한다.

129 "보복운전을 당했을 때의 조치"는 : 112, 사이버 경찰청, 시·도경찰청, 경찰청 홈페이지, 스마트폰 "목격자를 찾습니다" 앱에 신고한다.

130 "「형법」상 (특수상해)에 대한 처벌기준"은 : 위험한 물건인 자동차를 이용하여 상해죄를 범한 때에는 1년 이상 10년 이하의 징역

131 "「형법」상 (특수협박)에 대한 처벌기준"은 : 위험한 물건인 자동차를 이용하여 협박죄를 범한 때에는 7년 이하의 징역 또는 1천만 원 이하의 벌금

132 "자동차 등을 이용하여 「형법」상 특수상해, 특수폭행, 특수협박, 특수손괴를 행하여 보복운전으로 구속된 때 운전면허 행정처분 기준"은 : 운전면허 취소, 입건된 때는 벌점 100점 부과

133 "「도로교통법」상 난폭운전 (개인형 이동장치는 제외)" : 자동차등의 운전자는 다음 각 호 중 둘 이상의 행위를 연달아 하거나, 하나의 행위를 지속 또는 반복하여 다른 사람에게 위협 또는 위해를 가하거나 교통상의 위험을 발생하게 하여서는 아니 된다.

1. 신호 또는 지시 위반
2. 중앙선 침범
3. 속도 위반
4. 횡단·유턴·후진 금지 위반
5. 안전거리 미확보
6. 차로 변경 금지 위반, 급제동 금지 위반
7. 앞지르기 방법 또는 앞지르기의 방해금지 위반
8. 정당한 사유 없는 소음 발생
9. 고속도로에서의 앞지르기 방법 위반, 고속도로등에서의 횡단유턴후진금지

134 "난폭운전 시 형사처벌 및 행정처분의 기준"은 :
- 형사처벌 : 1년 이하의 징역이나 500만원 이하의 벌금
- 운전면허 행정처분 : 구속되면 운전면허 취소, 불구속되면 벌점 40점 부과

135 "보복운전과 난폭운전의 구분" :
- 보복운전 : 의도적·고의적으로 특정인을 위협하는 행위로 「형법」 적용
- 난폭운전 : 불특정인에 불쾌감과 위험을 주는 행위로 「도로교통법」 적용

136 "이륜자동차의 운전자가 주·정차된 차만 손괴하는 교통사고를 일으키고 피해자에게 인적사항을 제공하지 아니한 경우에 부과되는 범칙금"은 : 8만원

137 "권장교육 대상자가 아닌 사람"은 : 적성검사를 받지 않아 운전면허가 취소된 사람

138 "75세 이상인 사람이 받아야 하는 교통안전교육"은 :
- 운전면허증 갱신일에 75세 이상인 사람은 갱신기간 이내에 도로교통공단에서 실시하는 교육을 받아야 한다.
- 강의·시청각·인지능력 자가진단 등의 방법으로 2시간 실시한다.

139 "운전면허 응시 자격 및 취득 요건"은 :
- 제1종 대형면허 : 19세 이상, 자동차(이륜자동차는 제외)의 운전경력이 1년 이상인 사람
- 제2종 보통운전면허 : 18세 이상, 두 눈을 동시에 뜨고 잰 시력이 0.5 이상(다만, 한쪽 눈을 보지 못하는 사람은 다른

쪽 눈의 시력이 0.6 이상). 또한 붉은색, 녹색 및 노란색의 색채 식별이 가능해야 하나 듣지 못해도 취득 가능하다.

140 "연습운전면허의 효력"은 :
- 그 면허를 받은 날부터 1년이다.
- 연습운전면허 소지자는 영문운전면허증 발급 대상이 아니다.

141 "운전면허증의 갱신과 정기 적성검사"는 : 최초의 운전면허증 갱신기간은 운전면허시험에 합격한 날부터 기산하여 10년 되는 날이 속하는 해의 1월 1일부터 12월 31일까지이다.

142 "운전면허를 발급받은 65세 이상 75세 미만인 사람"은 : 5년마다 정기적성검사를 받아야 한다.

143 "도로를 통행하고 있는 차에서 밖으로 물건을 던지는 경우 부과되는 벌점"은 : 10점

144 이륜자동차 운전자가 오전 8시부터 오후 8시까지 사이에 어린이 보호구역 안에서 제한속도를 10km/h 초과한 경우 부과되는 벌점은 : 15점

145 "이륜자동차가 통행구분 위반(보도침범, 보도횡단방법 위반) 시 부과되는 범칙금"은 : 4만원

146 국제운전면허증을 교부받을 수 없는 사람은 : 국내운전면허를 받은 사람은 국제운전면허증을 교부받을 수 있으나, 원동기장치자전거면허나 연습운전면허를 받은 사람은 제외한다. 국제운전면허증의 유효기간은 발급받은 날부터 1년이다.

147 "보행자전용도로의 통행이 허용된 차마의 운전자"는 : 보행자를 위험하게 하거나 보행자의 통행을 방해하지 아니하도록 차마를 보행자의 걸음 속도로 운행하거나 일시정지하여야 한다.

148 "「도로교통법」상 정차 또는 주차를 금지하는 장소의 특례를 적용하지 않는 곳"은 :
- 비상소화장치가 설치된 곳으로부터 5미터 이내
- 안전지대의 사방으로부터 각각 10미터 이내

149 "정차 또는 주차를 금지하는 장소의 특례"는 : 다음의 어느 하나에 해당하는 경우에는 정차하거나 주차할 수 있다.
- 자전거이용시설 중 전기자전거충전소 및 자전거주차장치에 자전거를 정차 또는 주차하는 경우
- 시장 등의 요청에 따라 시·도경찰청장이 안전표지로 자전거등의 정차 또는 주차를 허용한 경우
- 시·도경찰청장이 안전표지로 구역·시간·방법 및 차의 종류를 정하여 정차나 주차를 허용한 곳에서는 정차하거나 주차할 수 있다.

150 "누산 점수 초과로 인한 운전면허 취소 기준"은 : 1년간 121점 이상, 2년간 201점 이상, 3년간 271점 이상이다.

151 "운전면허의 취소처분 또는 정지처분, 연습운전면허 취소처분에 대하여 이의가 있는 사람"은 : 그 처분을 받은 날부터 60일 이내에 시·도경찰청장에게 이의를 신청할 수 있다.

152 "단속하는 경찰공무원 등 및 시·군·구 공무원을 폭행하여 형사입건된 때 운전면허 행정처분"은 : 운전면허 취소

153 무위반·무사고 서약에 의한 벌점 공제(착한운전 마일리지)란 : 10점의 특혜점수를 부여한다. 무위반·무사고 서약을 하고 1년간 이를 실천해야 한다. 취소처분을 받게 될 경우 사용하지 못하고 정지처분을 받게 될 경우 누산점수에서 특혜점수를 공제한다. 부여된 특혜점수는 소멸되지 않고 누적된다.

154 "「교통사고처리특례법」의 목적"은 : 신속한 피해 회복을 촉진하고 국민 생활의 편익을 증진함을 목적으로 한다.

155 "약물복용 운전을 하다가 교통사고 시 형사처벌기준"은 : 5년 이하의 금고 또는 2천만원 이하의 벌금에 처한다.

156 "앞차 운전자 갑이 술을 마신 상태라고 하더라도 음주운전이 사고발생과 직접적인 원인이 아닌 경우의 형사처벌과 면허행정처분"은 : 단순 음주운전에 대해서만 형사처벌과 면허행정처분을 받고, 교통사고의 피해자가 된다.

157 "「자동차관리법」상 자동차"는 : 승용자동차, 승합자동차, 화물자동차, 특수자동차, 이륜자동차를 말한다.

158 "블랙 아이스(black ice)"는 :
- 눈에 잘 보이지 않는 얇은 얼음막이 생기는 현상이다.
- 다리 위, 터널 출입구, 그늘진 도로에서 자주 발생하는 현상이다.

159 "포트홀(도로의 움푹 패인 곳)"은 : 빗물에 의해 지반이 약해지고 균열이 발생한 상태로 차량의 잦은 이동으로 아스팔트의 표면이 떨어져나가 도로에 구멍이 파이는 현상을 말한다.

160 "증발 현상"은 :

- 야간에 도로상의 보행자나 물체들이 일시적으로 안 보이게 되는 현상이다.
- 마주 오는 두 차량 모두 상향 전조등일 때 발생한다.
- 일어나기 쉬운 위치는 도로의 중앙선 부근이다.

161 "현혹현상의 원인과 예방대책"은 :

- 눈부심으로 인한 일시적인 시력상실 상태로 대부분 반대 방향의 차량으로 인해 발생하게 되는 현상이다.
- 어느 도로에서나 발생할 수 있으며 시력과는 크게 관련이 없다.
- 전조등의 불빛을 정면으로 보지 말고, 도로 우측의 가장자리 쪽을 보면서 운전하는 것이 바람직하다.

162 "수막현상의 원인과 예방대책"은 :

- 핸들 조작이 어렵고 새 타이어일수록 수막현상이 발생할 가능성이 낮다.
- 타이어와 노면 사이의 접촉면이 좁을수록 수막현상의 가능성이 낮다.
- 수막현상을 예방하기 위해서 가장 중요한 것은 빗길에서 평소보다 감속하는 것이다.

163 "공주거리에 영향을 주는 경우"는 :

- 위험을 발견하고 브레이크 페달을 밟아 브레이크가 듣기 시작할 때까지의 거리를 말한다.
- 술에 취한 상태로 운전하게 되면 공주거리가 길어진다.
- 이륜자동차가 정지할 때 공주거리에 영향을 줄 수 있는 경우는 운전자의 심신의 상태에 따라 영향을 주게 되기 때문이다.

164 "정지거리가 길어지는 경우"는 :

- 정지거리란 운전자가 위험을 느끼고, 브레이크 페달을 밟아서 실제로 자동차가 멈추게 되는 거리를 말한다.
- 과로 및 음주 운전 시, 차량의 중량이 무겁거나 속도가 빠를수록, 타이어의 마모상태가 심할수록 길어진다.

이륜자동차 운전면허 **학과시험**

PART 0

이륜자동차 운전면허시험 '답'만 공부하는 500제

01 ✦✦

도로교통법상 초보운전자의 기준은 처음 운전면허를 받은 날부터 얼마가 경과되지 아니한 사람을 말하는가?

① 2년　② 3년
③ 4년　④ 5년

해설 초보 운전자라 함은 처음 운전면허를 받은 날(처음 운전면허를 받은 날부터 2년이 경과되기 전에 운전면허의 취소처분을 받은 경우에는 그 후 다시 운전면허를 받은 날을 말한다)부터 2년이 경과되지 아니한 사람을 말한다.

02 ✦✦

다음 중 특별교통안전 권장교육 대상자가 아닌 사람은?

① 운전면허를 받은 사람 중 교육을 받으려는 날에 65세 이상인 사람
② 운전면허효력 정지처분을 받고 그 정지기간이 끝나지 아니한 초보운전자로서 특별교통안전 의무교육을 받은 사람
③ 교통법규 위반 등으로 인하여 운전면허효력 정지처분을 받을 가능성이 있는 사람
④ 적성검사를 받지 않아 운전면허가 취소된 사람

해설 **(교통안전교육)** ③ 다음 각 호의 어느 하나에 해당하는 사람이 시 · 도경찰청장에게 신청하는 경우에는 대통령령으로 정하는 바에 따라 특별교통안전 권장교육을 받을 수 있다. 이 경우 권장교육을 받기 전 1년 이내에 해당 교육을 받지 아니한 사람에 한정한다.

1. 교통법규 위반 등 제2항 제2호 및 제4호에 따른 사유 외의 사유로 인하여 운전면허효력 정지처분을 받게 되거나 받은 사람
2. 교통법규 위반 등으로 인하여 운전면허효력 정지처분을 받을 가능성이 있는 사람
3. 제2항 제2호부터 제4호까지에 해당하여 제2항에 따른 특별교통안전 의무교육을 받은 사람
4. 운전면허를 받은 사람 중 교육을 받으려는 날에 65세 이상인 사람

03 ✦

도로교통법상 제2종 소형면허를 취득할 수 있는 연령 기준으로 맞는 것은?

① 15세 이상　② 16세 이상
③ 17세 이상　④ 18세 이상

해설 18세 미만(원동기장치자전거의 경우에는 16세미만)인 사람은 운전면허를 받을 수 없고, 제1종 대형면허 및 제1종 특수면허를 받으려는 경우로서 19세 미만이거나 자동차(이륜자동차를 제외한다)의 운전경험이 1년 미만인 사람은 운전면허를 받을 수 없다.

04 ✦✦

원동기장치자전거 면허를 받은 사람이 제2종 소형면허를 취득하고자 할 때 면제되는 시험이 아닌 것은?

① 적성　② 기능
③ 법령　④ 점검

해설 운전면허시험의 면제되는 시험과목은 적성, 법령, 점검과목이다.

05 ✦✦✦

제2종 소형면허로 운전할 수 없는 차량은?

① 배기량 100시시 이륜자동차
② 배기량 125시시 이륜자동차
③ 배기량 250시시 이륜자동차
④ 배기량 800시시 경승용자동차

해설 제2종 소형면허로 운전할 수 있는 차량은 이륜자동차와 원동기장치자전거이고 배기량 800시시 경승용자동차를 운전하기 위해서는 제2종 보통면허나, 제1종 보통면허 또는 제1종 대형면허가 있어야 한다.

06 ✦✦

제2종 소형면허 소지자가 운전할 수 있는 차량은?

① 3톤 미만의 지게차
② 승용자동차
③ 원동기장치자전거
④ 3륜 승용자동차

해설 제2종 소형면허로 운전할 수 있는 차량은 이륜자동차 원동기장치자전거

07 ✦✦✦

도로교통법상 운전면허에 대한 설명으로 맞는 것은? (「교통약자 이동편의 증진법」 교통약자 제외)

① 13세를 초과하는 사람은 운전면허 없이도 개인형 이동장치를 운전할 수 있다.
② 16세 이상의 사람이 개인형 이동장치를 운전하려면 운전면허를 취득해야 한다.
③ 어린이가 최고속도 시속 20km 이하인 개인형 이동장치를 운전하려면 운전면허를 취득해야 한다.
④ 성인이 최고속도 시속 20km 이하인 개인형 이동장치를 운전하려는 경우 운전면허 취득의무가 없다.

해설 자동차를 운전하려는 사람은 시·도경찰청장으로부터 운전면허를 받아야 한다. 다만, 제2조 제19호 나목의 원동기를 단 차 중 「교통약자 이동편의 증진법」에 따른 교통약자가 최고속도 시속 20킬로미터 이하로만 운행될 수 있는 차를 운전하는 경우에는 그러하지 아니하다. 개인형 이동장치를 운전하려는 사람은 16세 이상으로 원동기장치자전거 운전면허를 받아야 한다.

08 ✦✦

다음 중 도로교통법상 원동기장치자전거에 정의(기준)에 대한 설명으로 옳은 것은?

① 모든 이륜자동차를 말한다.
② 자동차 관리법에 의한 배기량 250시시 이하의 이륜자동차를 말한다.
③ 배기량 50시시 미만의 원동기를 단 차와 정격출력 0.59킬로와트 미만의 원동기를 단 차를 말한다.
④ 배기량 125시시 이하의 이륜자동차와 최고 정격출력 11킬로와트 이하의 원동기를 단 차를 말한다.

09 ✦✦

다음 중 운전면허증을 잃어버렸거나 헐어 못 쓰게 되었을 경우 재발급권자는?

① 군수　　② 시장
③ 도지사　　④ 시·도경찰청장

해설 시·도경찰청장에게 신청하여 다시 발급받을 수 있다.

10 ✦✦

다음 중 제2종 소형면허를 받은 사람(65세 이상 제외)의 갱신기간은?

① 3년　　② 5년
③ 7년　　④ 10년

해설 최초의 운전면허갱신기간은 운전면허시험에 합격한 날부터 기산하여 65세 미만은 10년이며, 65세 이상 75세 미만은 5년, 75세 이상은 3년, 한쪽 눈만 보지 못하는 사람으로 1종 보통면허를 취득한 사람의 갱신기간 또한 3년이다.

11 ✦✦

국제운전면허증을 교부 받을 수 없는 사람은?

① 제1종 대형견인차면허를 받은 사람
② 제1종 보통면허를 받은 사람
③ 제2종 소형면허를 받은 사람
④ 제2종 원동기장치자전거면허를 받은 사람

해설 국내운전면허를 받은 사람은 국제운전면허증을 교부 받을 수 있으나, 원동기장치자전거면허나 연습운전면허를 받은 사람은 제외한다.

12 ✦

도로교통법상 제2종 원동기장치자전거면허를 취득할 수 있는 사람의 연령 기준은 ( ) 이상이다. ( )에 들어갈 것은?

① 13세　② 14세
③ 15세　④ 16세

해설 제2종 원동기장치자전거의 경우에는 16세 미만인 사람은 운전면허를 받을 수 없다.

13 ✦✦

제2종 소형면허를 받은 사람이 제2종 보통면허를 취득하고자 할 때 면제되는 시험은?

① 적성　② 기능
③ 법령　④ 점검

해설 제2종 소형면허를 받은 사람이 제2종 보통면허를 취득하고자 할 때 면제되는 시험은 적성이다.

14 ✦✦✦

도로교통법상 제2종 원동기장치자전거면허로 운전할 수 없는 차량은?

① 배기량 100시시 다륜형 이륜자동차
② 배기량 49시시 이륜자동차
③ 배기량 200시시 이륜자동차
④ 최고정격출력 10킬로와트의 원동기를 단 차

해설 "원동기장치자전거"란 다음 각 목의 어느 하나에 해당하는 차를 말한다.
가. 자동차관리법 제3조에 따른 이륜자동차 가운데 배기량 125시시 이하(전기를 동력으로 하는 경우에는 최고정격출력 11킬로와트 이하)의 이륜자동차
나. 그 밖에 배기량 125시시 이하(전기를 동력으로 하는 경우에는 최고정격출력 11킬로와트 이하)의 원동기를 단 차

15 ✦

제2종 원동기장치자전거면허의 적성검사 기준으로 맞는 것은?

① 두 눈을 동시에 뜨고 잰 시력이 0.4 이상이어야 한다.
② 한쪽 눈을 보지 못하는 사람은 다른 한쪽 눈의 시력이 0.6 이상이어야 한다.
③ 55데시벨의 소리를 들을 수 있어야 한다.
④ 보청기를 사용하는 사람은 40데시벨의 소리를 들을 수 있어야 한다.

해설 제2종 운전면허를 취득하고자 하는 사람은 두 눈을 동시에 뜨고 잰 시력이 0.5 이상이어야 하며, 한쪽 눈을 보지 못하는 사람은 다른 한쪽 눈의 시력이 0.6 이상이어야 한다. 청력에는 제한이 없다.

16 ✦✦✦

다음 중 이륜자동차의 구조물 변경에 대한 설명으로 가장 알맞은 것은?

① 이륜자동차의 구조물을 변경하는 경우 경찰서장에게 신고해야 한다.
② 이륜자동차의 구조물 변경은 어떠한 경우에도 할 수 없다.
③ 이륜자동차의 구조물을 불법으로 개조하는 경우 처벌대상이다.
④ 이륜자동차의 소유주는 허가 없이 구조물을 직접 변경 할 수 있다.

해설 이륜자동차의 구조물을 변경하는 경우 해당 지방자치단체의 장에게 신고해야 한다.
이륜자동차의 구조물 변경은 사용신고하면 할 수 있으며 이륜자동차의 구조물을 불법으로 개조하는 경우 처벌대상이다.

17 ✦✦✦

「자동차관리법」상 최고속도가 매시 (　)킬로미터 이상인 이륜자동차는 사용신고 대상이다. (　)에 기준으로 맞는 것은?

① 10　② 15
③ 20　④ 25

해설 (이륜자동차의 사용 신고 등)
(사용신고 대상 이륜자동차) "국토교통부령으로 정하는 이륜자동차"란 최고속도가 매시 25킬로미터 이상인 이륜자동차를 말한다. 다만, 다음 각 호의 어느 하나에 해당하는 이륜자동차로서 국토교통부장관이 정하여 고시하는 이륜자동차는 제외한다.
1. 산악지형이나 비포장도로에서 주로 사용할 목적으로 제작된 이륜자동차 중 차동장치가 없는 이륜자동차
2. 그 밖에 주된 용도가 도로 운행 목적이 아닌 것으로서 조향장치 및 제동장치 등을 손으로 조작할 수 없거나 자동차의 주요한 구조적 장치의 설치 또는 장착 등이 현저히 곤란한 이륜자동차

18 ✦✦

자동차손해배상보장법령상 다음 중 이륜자동차 사용 신고 시 반드시 가입해야 하는 보험은?

① 종합보험　② 상해보험
③ 책임보험　④ 운전자보험

해설 책임보험은 자동차를 구매하거나 소유한 사람이라면 무조건 의무적으로 가입해야 한다. 혹시 모를 사고발생의 경우 최소한의 피해자 보호가 책임보험의 목적이다. 책임보험에 가입하지 않을 경우 과태료가 부과되고 신규 및 이전등록과 정기검사를 받을 수 없게 된다.

19 ✦✦

자동차관리법령상 이륜자동차의 소유권이 매매로 인해 이전된 경우에 변경신고 기한의 기준으로 맞는 것은?

① 매수한 날로부터 7일 이내
② 매수한 날로부터 10일 이내
③ 매수한 날로부터 15일 이내
④ 매수한 날로부터 30일 이내

해설 (이륜자동차의 사용 신고 등)
① 국토교통부령으로 정하는 이륜자동차(이하 "이륜자동차"라 한다)를 취득하여 사용하려는 자는 국토교통부령으로 정하는 바에 따라 시장·군수·구청장에게 사용 신고를 하고 이륜자동차 번호의 지정을 받아야 한다.
② 이륜자동차의 소유자는 제1항에 따른 신고 사항 중 국토교통부령으로 정하는 변경 사항이 있거나 이륜자동차 사용을 폐지한 경우에는 시장·군수·구청장에게 신고하여야 한다.

(신고사항의 변경신고) ① 이륜자동차의 소유자는 신고한 사항 중 이륜자동차의 사용본거지, 소유자의 성명(명칭) 또는 주민등록번호가 변경되거나 이륜자동차의 소유권이 이전된 경우에는 다음 각호의 구분에 따라 이륜자동차신고사항변경신고서(전자문서로 된 신고서를 포함한다)를 시장·군수 또는 구청장에게 제출하여야 한다.
1. 이륜자동차의 사용본거지가 변경되거나 소유자의 성명(명칭) 또는 주민등록번호가 변경된 경우 : 그 사유가 발생한 날부터 30일 이내
2. 소유권이 이전된 경우
　가. 매매의 경우 : 매수한 날(잔금지급일)부터 15일 이내
　나. 증여의 경우 : 증여를 받은 날부터 20일 이내
　다. 상속의 경우 : 상속개시일이 속하는 달의 말일부터 6개월 이내
　라. 기타의 경우 : 그 사유가 발생한 날부터 15일 이내

20 ✦✦✦

이륜자동차 타이어 점검에 대한 설명으로 가장 알맞은 것은?

① 공기압 점검은 항상 육안으로 한다.
② 타이어의 마모상태는 안전운전과 상관없다.
③ 타이어 공기압이 적으면 제동효과는 우수하다.
④ 주기적인 타이어 점검은 안전운전에 도움이 된다.

해설 주기적인 타이어 마모상태, 트래드 점검은 안전운전에 도움이 되며 공기압도 계절별로 적정공기압을 유지하는 것이 제동효과에 뛰어나다.

21 ✦✦✦

자동차 및 자동차부품의 성능과 기준에 관한 규칙상 이륜자동차 안전기준에 대한 설명으로 가장 알맞은 것은? (대형 이륜자동차 제외)

① 측차를 제외한 공차상태에서 길이는 2.5미터를 초과해서는 아니 된다.
② 측차를 제외한 공차상태에서 너비는 1.5미터, 높이 2.5미터를 초과해서는 아니 된다.
③ 기타형 이륜자동차의 차량총중량은 500킬로그램을 초과하지 아니하여야 한다.
④ 특수형 이륜자동차의 차량총중량은 700킬로그램을 초과하지 아니하여야 한다.

해설 **자동차 및 자동차부품의 성능과 기준에 관한 규칙**
(길이 · 너비 · 높이) 이륜자동차는 측차를 제외한 공차상태에서 길이 2.5미터(대형의 경우에는 4미터), 너비 2미터, 높이 2미터를 초과하여서는 아니 된다.
(차량총중량) 이륜자동차의 차량총중량은 일반형 및 특수형의 경우에는 600킬로그램, 기타형의 경우에는 1천킬로그램을 초과하지 아니하여야 한다.

22 ✦✦

자동차 타이어 관리에 대한 설명으로 가장 맞는 것은?

① 타이어 트레드가 완전 마모될 때까지 사용한다.
② 타이어 공기압은 높을수록 좋다.
③ 타이어의 위치는 주기적으로 교환해 주는 것이 좋다.
④ 타이어와 연비는 상관관계가 없다.

해설 타이어의 수명을 연장하기 위해서는 타이어의 위치를 주기적으로 교환해 주는 것이 좋다. 또한 타이어의 공기압은 적정하게 하고, 타이어 트레드가 마모한계점(1.6mm)에 도달한 경우는 교환해 주어야 한다.

23 ✦✦✦

다음 중 시장 · 군수 · 구청장에게 사용신고를 할 수 있는 이륜자동차는?

① 최고속도가 매시 25킬로미터 이상인 배기량 49시시 이륜자동차
② 산악지형에 주로 사용할 목적으로 제작된 차동장치가 없는 이륜자동차
③ 주된 용도가 도로 운행 목적이 아닌 것으로서 조향장치 및 제동장치 등을 손으로 조작할 수 없는 이륜자동차
④ 의료용 스쿠터

해설 최고속도가 매시 25킬로미터 이상인 이륜자동차는 사용신고를 하여야 하는 이륜자동차이다.

24 ✦✦✦

다음은 이륜자동차 브레이크 점검방법에 대한 설명이다. 잘못된 것은?

① 브레이크 레버 유격은 이륜자동차를 가볍게 움직이면서 레버를 당겨서 점검하고 필요시 조정한다.
② 브레이크액은 소모품이 아니므로 교환하지 않고 점검해서 보충만 하면 된다.
③ 브레이크 패드와 디스크 판은 수시로 마모상태를 점검하고 필요시 교환한다.
④ 브레이크액이 새는 곳은 없는지 점검하고 새는 곳이 있으면 수리한다.

해설 브레이크액은 소모품으로 브레이크 오일이 노후하면 브레이크 성능이 떨어지기 때문에 교환주기에 맞추어 교환하여야 한다.

25 ✦✦✦

전기자동차의 고전압 배터리 시스템에 화재 발생 시 주의사항이 아닌 것은?

① 화재가 발생한 경우 신속히 시동을 끈다.
② 소화 시 이산화탄소를 액화해 충전한 소화기를 사용한다.
③ 화재진압이 불가능한 경우에는 안전한 곳으로 대피한다.
④ 소방서에 전기자동차 화재인지 여부를 알릴 필요는 없다.

해설 소방서 등에 연락하여 전기자동차 화재임을 즉시 알리고 조치를 받는다.

26 ✦✦

다음은 이륜자동차 타이어 공기압이 과다한 경우에 대한 설명이다. 잘못된 것은?

① 미끄러지기 쉽다.
② 트레드의 중앙부가 빨리 마모된다.
③ 접지면이 좁아진다.
④ 핸들이 무거워진다.

해설 타이어 공기압이 부족하면 핸들이 무겁고 연료 낭비가 심해진다.

27 ✦✦

다음은 이륜자동차 타이어 공기압이 부족한 경우에 대한 설명이다. 잘못된 것은?

① 접지 면이 넓어진다.
② 연료 낭비가 심해진다.
③ 고속주행 시 타이어 파열 등으로 인한 사고를 예방할 수 있다.
④ 미끄러짐은 적어진다.

해설 타이어 공기압이 부족하면 고속주행 시 열이 발생하여 타이어 파열 등으로 사고가 발생할 수 있다.

28 ✦

다음은 이륜자동차 엔진오일의 역할에 대한 설명이다. 잘못된 것은?

① 윤활작용을 한다.
② 엔진 성능향상을 위한 가열작용을 한다.
③ 세척작용을 한다.
④ 마모방지작용을 한다.

해설 엔진오일은 엔진을 식혀 주는 냉각작용을 한다.

29 ✦✦

자동차관리법령상 이륜자동차에 번호판을 부착하지 않고 운행한 운전자에게 부과하는 과태료로 맞는 것은?(1회 위반한 경우)

① 30만원　　② 50만원
③ 70만원　　④ 100만원

해설 (이륜자동차번호판의 부착의무) ① 이륜자동차는 그 후면의 보기 쉬운 곳에 국토교통부령으로 정하는 이륜자동차번호판을 붙이지 아니하고는 운행하지 못한다.

30 ✦✦

다음 중 도로교통법에 따른 운전자 준수사항으로 잘못된 것은?

① 자전거의 운전자는 교통안전에 위험을 초래할 수 있는 자전거를 운전해서는 아니 된다.
② 이륜자동차의 운전자는 동승자에게도 인명보호 장구를 착용하도록 하여야 한다.
③ 원동기장치자전거 운전자는 동승자에게 인명보호 장구를 착용할 것을 권고할 필요는 없다.
④ 개인형 이동장치 운전자는 법령에서 정하는 승차정원을 초과하여 동승자를 태우고 운전하여서는 아니 된다.

해설 이륜자동차와 원동기장치자전거(개인형 이동장치는 제외한다.)의 운전자는 행정안전부령으로 정하는 인명보호 장구를 착용하고 운행하여야 하며, 동승자에게도 착용하도록 하여야 한다.

31 ✦

교통사고를 예방하기 위한 운전자세로 맞는 것은?

① 방향지시등으로 진행방향을 정확히 알린다.
② 급제동과 급조작을 자주한다.
③ 나에게 유리한 쪽으로 추측하면서 운전한다.
④ 다른 운전자의 법규위반은 반드시 보복한다.

해설 급제동과 급조작을 하여서는 아니 되며, 상대방에 대한 배려운전과 정확한 법규 이해가 필요하다.

32 ✦

운전자의 운전 행태에 영향을 미치는 요인으로 가장 관련성이 높은 것은?

① 운전면허 취득 방법
② 운전자의 학력
③ 운전면허의 종류
④ 운전자의 신체적 상태

해설 운전면허 취득 방법, 운전자 학력, 운전면허의 종류는 운전자의 운전 행태에 크게 영향을 미친다고 볼 수 없다.

33 ✦

교통사고 부상자의 응급 처치 방법으로 가장 알맞은 행동은?

① 의식이 없는 부상자는 엎드리게 해서 이물질을 제거한다.
② 의식이 있는 부상자는 심리적 안정을 취하도록 한다.
③ 기도에 이물질이 있는 경우 우선 인공호흡을 실시한다.
④ 골절된 경우 그 부위를 손으로 강하게 압박한다.

해설 교통사고로 인한 호흡과 의식이 없는 부상자 발생 시에는 가장 먼저 가슴압박을 실시한 후 기도확보, 인공호흡 순으로 실시한다. 골절된 경우에 강한 압박은 오히려 부상을 크게 할 수 있다.

34 ✦✦

교통사고 목격 시 운전자가 취해야 할 가장 적절한 행동은?

① 부상 정도에 상관없이 부상자를 이동시킨다.
② 나와는 무관한 일이므로 사고 현장을 재빨리 이탈한다.
③ 도주하는 차량이 있다면 추적하여 검거한다.
④ 경찰관서나 119에 신고할 때 부상 정도를 설명한다.

해설 경미한 부상은 안전한 곳으로 이동하지만, 심각한 경우에는 2차 피해의 우려가 있으므로 함부로 이동하면 위험하다. 도주 차량이 있더라도 추적하는 것은 위험하므로 차의 종류나 차 번호 등을 기억하였다가 신고한다.

35 ✦✦✦

다음 중 운전행동과정을 올바른 순서로 연결한 것은?

① 인지 → 판단 → 조작
② 판단 → 인지 → 조작
③ 조작 → 판단 → 인지
④ 인지 → 조작 → 판단

해설 운전 행동과정은 인지 → 판단 → 조작의 순서로 이루어지며 이 가운데 한 가지 과정이라도 잘못되면 교통사고로 이어지기 때문에 주의하여야 한다.

36 ✦✦

다음 중 주간보다 야간 운전에 나타날 위험성이 가장 높은 것은?

① 경제 운전
② 시야의 제한 및 시인성 저하
③ 난폭 운전
④ 과속 운전

해설 야간 운전 시에는 주간 운전보다 시야의 제한 및 시인성의 저하가 나타나므로 사고의 위험성이 매우 높다.

37 ✦✦

황색 점선 중앙선을 넘어 앞지르기 시도하던 중 반대차로에서 차가 빠르게 접근하고 있다. 가장 안전한 운전 방법은?

① 앞지르기를 중지하고 주행 중이던 차로로 복귀한다.
② 전조등을 켜고 경음기를 울려서 마주 오는 차의 양보를 유도하여 앞지르기한다.
③ 최대한 속도를 높여 빠르게 앞차의 전방으로 앞지르기한다.
④ 그 자리에 그대로 멈추거나 갓길로 피한다.

해설 앞지르기는 가급적 삼가되 부득이 앞지르기를 할 경우에는 전방 및 반대 방향의 교통 상황을 충분히 살펴 안전이 확인된 상태에서만 해야 한다. 황색 점선에서는 반대 방향의 교통 상황을 살펴서 안전하게 앞지르기를 시도해야 하는데, 마주 오는 차가 예상외로 빨리 접근하여 위험을 느꼈을 때에는 이를 곧 중지해야 한다.

38 ✦✦✦

진행방향 신호가 바뀌는 것을 보고 정지선에 서야 할지 아니면 진행해야 할지를 결정해야 하는 구간을 무엇이라고 하는가?

① 딜레마 존　　② 노파킹 존
③ 스피드 존　　④ 스톱라인 존

해설 신호등이 설치되어 있는 교차로를 통과할 때 신호가 바뀌는 것을 보고 정지선에 서야 할지 아니면 진행해야 할지를 결정해야 하는 구간을 딜레마 존이라 한다.

39 ✦✦✦

짙은 안개로 인해 가시거리가 짧을 때 가장 안전한 운전 방법은?

① 전조등이나 안개등을 켜고 자신의 위치를 알리며 운전한다.
② 앞차와의 거리를 좁혀 앞차를 따라 운전한다.
③ 전방이 잘 보이지 않을 때에는 중앙선을 넘어가도 된다.
④ 안개 구간은 속도를 내서 빨리 빠져나간다.

해설 안개 구간에서는 전조등을 켜서 자신의 위치를 알리고, 속도를 줄이고 앞차와의 거리를 충분히 확보하고 운전한다.

40 ✦✦✦

도로교통법상 개인형 이동장치의 운전자가 준수 사항 중 틀린 것은?

① 원동기의 회전수를 증가시켜서는 아니 된다.
② 육교를 이용할 수 없는 노인이 도로를 횡단하고 있는 경우 일시 정지해야 한다.
③ 약물영향 등 정상적으로 운전하지 못할 우려가 있는 상태에서 운전해서는 아니 된다.
④ 물이 고인 곳을 운행할 때에는 물을 튀게 하여 다른 사람에게 피해를 주는 일이 없도록 해야 한다.

해설 자전거등의 운전자는 약물의 영향과 그 밖의 사유로 정상적으로 운전하지 못할 우려가 있는 상태에서 자전거등을 운전하여서는 아니 된다.

41 ✦✦✦

신호등이 없는 교차로에 선진입하여 좌회전하는 차량이 있는 경우에 옳은 것은?

① 직진 차량은 주의하며 진행한다.
② 우회전 차량은 서행으로 우회전한다.
③ 직진 차량과 우회전 차량 모두 좌회전 차량에 진로를 양보한다.
④ 폭이 좁은 도로에서 진행하는 차량은 서행하며 통과한다.

해설 교통정리를 하고 있지 아니하는 교차로에서 좌회전 차량이 교차로에 이미 선진입한 경우에 직진 차와 우회전 차량은 좌회전 차량에게 양보해야 한다.

42 ✦✦

다음 중 이륜자동차의 주·정차에 대한 설명으로 가장 잘못된 것은?

① 주행 직후에 주·정차할 경우, 엔진 주위와 머플러 부분은 매우 뜨겁기 때문에 보행자에게 닿지 않도록 한다.
② 가급적 평평한 곳에 주·정차한다.
③ 지면이 연약한 곳에 지지대를 세우고 주·정차한다.
④ 보행자의 통행에 방해되는 곳에 주·정차하면 안 된다.

해설 지지대를 잘 세우고 지탱할 수 있는 지면이 딱딱한 곳에 주·정차한다.

43 ✦✦

편도 1차로 일반도로에서 이륜자동차 운전자가 1차로를 주행 중 앞서 가던 버스가 우측에 정차를 하고 있는 경우 가장 안전한 운전 방법은?

① 실선인 중앙선을 넘어서 버스를 앞지르기하여 진행한다.
② 우측 보도로 진행한다.
③ 경음기를 울리며 버스 좌측으로 진행한다.
④ 버스가 출발할 때까지 버스 뒤에 정지한다.

해설 버스가 출발할 때까지 버스 뒤에 정지하는 것이 가장 안전한 운전 방법이다.

44 ✦✦✦

다음 중 도로교통법상 원동기장치자전거 운전자의 위반행위로 처벌되지 않는 것은?

① 음주운전
② 운전 중 영상표시장치 조작
③ 원동기장치자전거 앞면 창유리의 가시광선 투과율
④ 주・정차 위반

해설 창유리의 가시광선 투과율 기준은 자동차의 앞면과 운전석 좌・우 옆면 창유리에만 있다.

45 ✦✦

이륜자동차 운전자가 지켜야 할 준수사항으로 올바른 것은?

① 차도에 차량이 많아 정체될 경우 보도로 통행한다.
② 노인 보호구역 내에서 노인이 보이지 않더라도 제한속도를 지켜 안전하게 운전한다.
③ 야간 운전 시 졸음이 오는 경우 길가장자리구역에 정차하여 잠시 휴식을 취한 후 운전한다.
④ 신호가 없는 횡단보도에 횡단하는 사람이 있어도 빠른 속도로 통과한다.

해설 노인 보호구역에서는 노인의 안전을 위해 제한속도를 준수하여야 하며 길가장자리구역 정차는 매우 위험한 행동이고, 신호가 없는 횡단보도에서는 보행자의 안전을 위해 서행하여야 하며 보도로 통행하면 안 된다.

46 ✦

원동기장치자전거 운전자의 준수사항으로 맞는 것은?

① 차로 변경을 수시로 한다.
② 물이 고인 곳을 지날 때는 피해를 주지 않기 위해 서행하며 진행한다.
③ 여름철 더운 날에는 안전모를 착용하지 않는다.
④ 차량이 많아 정체될 경우 차로와 차로 사이로 주행한다.

해설 차로 변경을 수시로 하면 위험하므로 자제한다. 더운 날에도 꼭 안전모를 착용하며 차로와 차로 사이를 주행하지 않는다.

47 ✦

이륜자동차 운전자의 안전한 운전을 위한 태도로 맞는 것은?

① 택시가 정차한 경우 승객이 하차할 수 있으므로 주의하며 서행한다.
② 급한 전화가 올 수 있으므로 휴대용 전화기를 항상 손에 들고 운전한다.
③ 어린이가 타고 있다는 표시를 한 어린이통학버스를 앞지르기 한다.
④ 다른 차의 끼어들기 예방차원으로 앞차와 거리를 좁혀 운전한다.

해설 휴대용 전화기를 손에 들고 통화하며 운전해서는 안 된다. 또한 모든 차의 운전자는 어린이가 타고 있다는 표시를 한 어린이통학버스를 앞지르기 못하며, 사고를 예방하기 위해 안전거리를 확보하며 운전해야 한다.

48 ✦✦✦

양보 운전에 대한 설명 중 맞는 것은?

① 저속 운행하는 경우 도로 좌측 가장자리로 피하여 진로를 양보한다.
② 긴급자동차가 뒤따라올 때에는 급정지 한다.
③ 교차로에서는 우선순위에 상관없이 다른 차량에 양보하여야 한다.
④ 양보 표지가 있는 경우 다른 도로의 주행 차량에 진로를 양보한다.

해설 긴급자동차가 뒤따라오는 경우에는 진로를 양보하여야 한다. 또한 교차로에서는 통행 우선순위에 따라 통행을 하여야 하며, 양보 표지가 설치된 도로의 차량은 다른 차량에게 진로를 양보하여야 한다.

49 ✦✦

운전자가 지켜야 할 준수사항으로 올바른 것은?

① 자신의 차 앞으로 진로변경을 하지 못하도록 앞 차와의 거리를 좁힌다.
② 신호가 없는 횡단보도는 횡단하는 사람이 없으므로 최대한 빠른 속도로 통과한다.
③ 야간 운전 시 졸음이 오는 경우 그 자리에서 휴식을 취한 후 운전한다.
④ 어린이 보호구역 내에서는 제한속도를 지켜 안전하게 운전한다.

해설 어린이 보호구역에서는 어린이의 안전을 위해 제한속도를 준수하여야 하며 야간의 갓길정차는 매우 위험한 행동이며, 신호가 없는 횡단보도에서는 보행자를 위해 서행하여야 하며 진로변경 표시를 하는 차량을 발견한 경우 진로 변경을 완료하도록 양보 운전하여야 한다.

50 ✦✦

진로 변경을 하고자 할 때의 운전 자세로 가장 알맞은 것은?

① 상대방을 위해 신속히 진로를 변경한다.
② 비상점멸등을 켜면서 진로를 변경한다.
③ 방향지시등을 켜서 상대에게 알린 후 안전하게 진로를 변경한다.
④ 다른 차량이 진로 변경을 할 때 같이한다.

해설 진로 변경을 하고자 할 때 방향지시등을 켜서 상대에게 알린 후 안전하게 진로를 변경한다.

51 ✦

교통사고를 일으킬 가능성이 가장 높은 운전자는?

① 운전에만 집중하는 운전자
② 급출발, 급제동, 급차로 변경을 반복하는 운전자
③ 승용차나 자전거에게 안전거리를 확보하는 운전자
④ 조급한 마음을 버리고 양보하는 마음을 갖춘 운전자

해설 운전이 미숙한 운전자에게는 배려와 양보가 중요하며 급출발, 급제동, 급차로 변경을 반복하여 운전하면 교통사고를 일으킬 가능성이 높다.

52 ✦✦

교차로 진입 전방에 양보표지가 설치되어 있다. 교차로 통행방법으로 맞는 것은?

① 서행하여 통과한다.
② 정지선 직전에 정지하지 않고 통과한다.
③ 다른 차량을 보낸 후 통과한다.
④ 비상 점멸등을 켜고 통과한다.

해설 교통정리가 행하여지고 있지 아니하고 일시정지 또는 양보를 표시하는 안전표지가 설치되어 있는 교차로에 들어가고자 하는 때에는 일시정지하거나 양보하여 다른 차의 진행을 방해하여서는 아니 된다.

53 ✦✦

경미한 부상자가 피를 흘리고 있다. 응급처치 요령으로 가장 옳은 것은?

① 출혈이 경미한 경우 깨끗한 거즈나 헝겊으로 누른다.
② 지혈대를 사용할 경우 심장에서 먼 곳을 묶어 지혈한다.
③ 출혈 부위는 심장보다 낮은 곳에 있어야 한다.
④ 경미한 부상이므로 계속해서 운전하게 한다.

해설 응급처치 요령으로 가장 옳은 것은 심장과 가까운 곳을 세게 묶어 지혈하며 출혈 부위는 심장보다 높은 곳에 있어야 한다.

54 ✦✦

다음 중 도로에서 안전운전 방법으로 가장 알맞은 것은?

① 병목 구간에서는 앞차 뒤로 바싹 붙어 운전한다.
② 보행자와 함께 횡단보도를 안전하게 주행한다.
③ 어린이 보호구역에서는 제한속도를 준수한다.
④ 보행자 신호가 바뀌는 순간 신속하게 통과한다.

해설 어린이 보호구역에서는 제한속도를 준수하며 안전한 도로 통행을 위해서는 남을 배려하는 마음으로 양보 운전을 하여야 한다.

55 ✦✦

다음 중 보행자에 대한 배려 운전으로 가장 알맞은 것은?

① 보행자를 항상 배려하며 방어 운전을 한다.
② 보행자가 없으면 횡단보도에서 감속하지 않고 주행한다.
③ 무단 횡단하는 보행자는 보호할 필요가 없다.
④ 이면 도로에서는 보행자보다 이륜자동차가 우선이다.

해설 운전 중 교통 약자인 보행자에 대해서는 항상 배려하고 방어 운전을 해야 한다. 또한 보행자 우선의 운전 문화를 정착해야 한다.

56 ✦✦

편도 1차로 도로 전방에 시내버스가 정차를 하고 있다. 가장 안전한 운전 방법은?

① 경음기를 울려 주의를 주면서 그대로 진행한다.
② 속도를 높여 도로 중앙으로 신속하게 주행한다.
③ 시내버스를 앞지르는 것은 위험하므로 기다렸다가 진행한다.
④ 보행자 등의 위험을 피하기 위하여 반대 차로로 주행한다.

해설 편도 1차로 도로에서 시내버스를 앞지르는 것은 중앙선을 넘는 불법이면서 매우 위험하기 때문에 잠시 버스가 출발하는 것을 기다렸다가 진행한다.

57 ✦✦✦

다음 중 도로에서 안전운전 방법으로 가장 알맞은 것은?

① 어린이에게 차량이 지나감을 알릴 수 있도록 경음기를 울리며 지나간다.
② 철길건널목 차단기가 내려가려고 하는 경우 신속히 통과한다.
③ 우회전을 하는 경우 미리 도로의 우측 가장자리를 서행하면서 우회전한다.
④ 야간에는 반대편 차량의 운전자를 위해 전조등을 상향으로 한다.

해설 학교 앞 보행로에서 어린이가 지나갈 경우 일시정지해야 하며, 철길 건널목에서 차단기가 내려지려는 경우 진입하면 안 된다. 또한 야간 운전 시에는 전조등을 반대편 차량의 주행에 방해가 되지 않도록 전조등을 하향으로 조정해야 한다.

58 ✦✦✦

다음 중 도로교통법상 과로(졸음운전 포함)로 인하여 정상적으로 운전하지 못할 우려가 있는 상태에서 자동차를 운전한 사람에 대한 벌칙 기준으로 맞는 것은?

① 처벌하지 않는다.
② 10만 원 이하의 벌금이나 구류에 처한다.
③ 20만 원 이하의 벌금이나 구류에 처한다.
④ 30만 원 이하의 벌금이나 구류에 처한다.

해설 **(과로한 때 등의 운전 금지)** 30만 원 이하의 벌금이나 구류에 처한다.

59 ✦✦✦

도로교통법에서 정한 운전이 금지되는 술에 취한 상태의 기준으로 맞는 것은?

① 혈중알코올농도 0.03퍼센트 이상인 상태로 운전
② 혈중알코올농도 0.06퍼센트 이상인 상태로 운전
③ 혈중알코올농도 0.08퍼센트 이상인 상태로 운전
④ 혈중알코올농도 0.09퍼센트 이상인 상태로 운전

해설 운전이 금지되는 술에 취한 상태의 기준은 혈중 알코올 농도가 0.03퍼센트 이상으로 한다.

60 ✦✦

다음 중 음주가 운전 능력에 미치는 영향으로 가장 알맞은 것은?

① 반응을 빠르게 만든다.
② 인지력을 증가시킨다.
③ 집중력을 저하시킨다.
④ 운전 능력을 향상시킨다.

해설 반응을 느리게 만들며 인지력 저하, 운전능력 저하와 집중력을 저하시킨다.

61 ✦✦✦

공주거리에 대한 설명으로 맞는 것은?

① 술에 취한 상태로 운전하게 되면 공주거리가 길어진다.
② 빗길을 주행하는 경우에는 정지거리가 공주거리보다 짧아진다.
③ 교통사고를 피하기 위해서는 공주거리만큼은 유지해야 한다.
④ 위험을 느끼고 브레이크 페달을 밟은 후 차량이 완전히 정지한 거리가 공주거리다.

해설 운전자가 피로하거나 술을 마신 상태로 운전하게 되면 공주거리가 길어진다. 공주거리는 운전자의 심신 상태와 직결된다. 공주거리는 주행 중 운전자가 전방의 위험상황을 발견하고 브레이크를 밟아 제동이 걸리기 시작할 때까지 자동차가 진행한 거리를 말하며, 브레이크가 작동하기 시작할 때부터 완전히 정지할 때까지 진행한 거리를 제동거리라 한다. 정지거리는 공주거리와 제동거리의 합을 의미한다.

62 ✦✦

운전자의 피로가 운전 행동에 미치는 영향을 바르게 설명한 것은?

① 주변 자극에 대해 반응 동작이 빠르게 나타난다.
② 시력이 떨어지고 시야가 넓어진다.
③ 지각 및 운전 조작 능력이 떨어진다.
④ 치밀하고 계획적인 운전 행동이 나타난다.

해설 주변 자극에 대해 반응 동작이 느리게 나타나며 시력이 떨어지고 시야가 좁아진다. 감각이 무뎌지고 비계획적인 행동이 나타난다.

63 ✦✦✦

이륜자동차 운전자가 비보호좌회전하려고 한다. 가장 알맞은 운전 방법은?

① 진행방향 신호가 녹색인 경우에는 좌회전할 수 없다.
② 진행방향 신호가 적색인 경우에만 가능하다.
③ 이륜자동차는 진행방향 신호와 상관없이 신속하게 좌회전한다.
④ 반대차로에서 직진하는 차량에 주의한다.

해설 진행방향 신호가 녹색인 경우에는 좌회전할 수 있는데 반대차로에서 직진하는 차량에 주의해야 한다.

64 ✦✦✦

이륜자동차의 운전자는 철길 건널목을 통과하려는 경우에는 건널목 앞에서 (　)하여야 한다. 다음 중 (　)에 알맞은 것은?

① 서행　　② 정차 후 주차
③ 일시정지　　④ 앞지르기

해설 철길건널목에서는 무조건 일시정지해야 한다.

65 ✦✦

다음 중 이륜자동차를 혈중알코올농도 0.03퍼센트 이상 0.08퍼센트 미만인 상태로 운전한 경우, 형사처벌 규정은?

① 1년 이하의 징역이나 500만원 이하의 벌금
② 1년 이하의 징역이나 1천만원 이하의 벌금
③ 2년 이하의 징역이나 1천만원 이하의 벌금
④ 2년 이하의 징역이나 2천만원 이하의 벌금

해설 도로교통법 제148조의2(벌칙)

66 ✦✦

피로 및 과로, 졸음운전과 관련된 설명 중 옳은 것은?

① 도로 환경과 운전 조작이 단조로운 상황에서의 운전은 수면 부족과 관계없이 졸음운전을 유발할 수 있다.
② 변화가 적고 위험 사태의 출현이 적은 도로에서는 주의력이 향상되어 졸음운전 행동이 줄어든다.
③ 피로하거나 졸음이 오면 위험상황에 대한 대처가 민감해진다.
④ 음주운전을 할 경우 대뇌의 기능이 활성화되어 졸음운전의 가능성이 적어진다.

해설 교통 환경의 변화가 단조로운 고속도로 등에서의 운전은 시가지 도로나 일반도로에서 운전하는 것보다 주의력이 둔화되고 수면 부족과 관계없이 졸음운전 행동이 많아진다. 피로하거나 졸음이 오면 위험상황에 대한 대처가 둔해진다. 아울러 음주운전을 할 경우 대뇌의 기능이 둔화되어 졸음운전의 가능성이 높아진다.

67 ✦

피로가 운전자의 신체에 미치는 영향을 바르게 설명한 것은?

① 위급 상황에서의 대처 능력이 높아진다.
② 시야가 좁아진다.
③ 인지 반응 시간이 짧아진다.
④ 판단력이 높아진다.

해설 피로할 경우 위급 상황 시 대처 능력이 저하되고, 인지 반응 시간이 길어지며 판단력이 낮아진다.

68 ✦✦

보행자 안전 및 보행 문화 정착을 위한 보행자의 통행 방법으로 맞는 것은?

① 좌측통행 원칙
② 우측통행 원칙
③ 중간 부분 통행
④ 어느 쪽이든 괜찮다.

해설 보행자 안전 및 보행 문화 정착을 위해 좌측통행 원칙에서 우측통행 원칙으로 전환되었다.

69 ✦✦✦

도로교통법상 보행자 보호에 대한 설명 중 맞는 것은?

① 자전거를 끌고 걸어가는 사람은 보행자에 해당하지 않는다.
② 이륜자동차는 보행자보다 항상 우선하여 통행할 수 있다.
③ 시·도경찰청장은 보행자의 통행을 보호하기 위해 도로에 보행자 전용도로를 설치할 수 있다.
④ 보행자 전용 도로에는 유모차를 끌고 갈 수 없다.

해설 자전거를 끌고 걸어가는 사람은 보행자이다. 이륜자동차는 보행자보다 항상 우선하여 통행할 수 있는 것은 아니며 보행자의 통행을 보호하기 위해 도로에 보행자 전용도로를 설치할 수 있고 보행자 전용도로에는 유모차를 끌고 갈 수 있다.

70 ✦✦

도로의 중앙을 통행할 수 있는 사람 또는 행렬로 맞는 것은?

① 사회적으로 중요한 행사에 따라 시가행진하는 행렬
② 말, 소 등의 큰 동물을 몰고 가는 사람
③ 도로의 청소 또는 보수 등 도로에서 작업 중인 사람
④ 기 또는 현수막 등을 휴대한 장의 행렬

해설 사회적으로 중요한 행사에 따른 시가행진인 경우 도로의 중앙을 통행할 수 있다.

71 ✦

다음 중 보행자의 보호 의무에 대한 설명으로 맞는 것은?

① 무단 횡단하는 술 취한 보행자를 보호할 필요가 없다.
② 교통정리를 하고 있는 도로에서 횡단 중인 보행자는 통행을 방해하여도 무방하다.
③ 보행자 신호기에 녹색 신호가 점멸하고 있는 경우 차량이 진행해도 된다.
④ 교통정리를 하고 있는 교차로에서 우회전할 경우 신호에 따르는 보행자를 방해해서는 아니 된다.

해설 무단 횡단하는 술 취한 보행자도 보호의 대상이다. 보행자 신호기에 녹색신호가 점멸하고 있는 경우에도 보행자보호를 게을리하지 말고 교통정리를 하고 있는 교차로에서 우회전할 경우 신호에 따르는 보행자를 방해해서는 아니 된다.

72 ✦✦

노인이 도로를 횡단중인 때 가장 올바른 운전 방법은?

① 진행하던 속도로 지나간다.
② 안전거리를 유지하면서 일시정지한다.
③ 반대차로를 이용하여 안전하게 주행한다.
④ 경음기를 울리면서 급정지한다.

해설 주행 중 도로를 횡단하는 보행자를 발견하였을 때는 안전거리를 유지하며 일시정지한다.

73 ✦✦✦

보도와 차도가 구분된 도로에서 보행자의 통행 방법으로 맞는 것은?

① 여러 사람이 같이 가면 차도로 통행할 수 있다.
② 공사로 인해 보도가 통제된 경우 차도를 통행할 수 있다.
③ 달리기와 같은 운동을 할 때는 차도로 갈 수 있다.
④ 보도와 차도를 구분하지 않고 통행할 수 있다.

해설 공사로 인해 보도가 통제된 경우 차도를 통행할 수 있다.

74 ✦✦

시내 도로를 매시 50킬로미터로 주행하던 중 도로를 횡단 중인 보행자를 발견하였다. 가장 적절한 조치는?

① 보행자가 횡단 중이므로 일단 급브레이크를 밟아 멈춘다.
② 보행자의 움직임을 예측하여 그 사이로 주행한다.
③ 서행하면서 비상점멸등을 점멸하여 뒤차에도 알리면서 안전하게 정지한다.
④ 보행자에게 경음기로 주의를 주며 다소 속도를 높여 통과한다.

해설 도로를 횡단 중인 보행자를 발견하였을 때, 보기 중 가장 적절한 조치는 서행하면서 비상등으로 뒤차에도 알리고 안전하게 정지하는 것이다.

75 ✦✦✦

교차로에서 우회전하고자 할 때 보행자가 횡단보도에서 횡단 중인 경우 가장 안전한 운전 방법은?

① 먼저 우회전할 수 있다고 판단되면 서둘러 우회전한다.
② 보행 신호등이 적색이면 무조건 진행한다.
③ 서행하며 보행자보다 먼저 우회전한다.
④ 보행 신호등이 녹색에서 적색으로 바뀌었어도 보행자의 횡단이 종료될 때까지 정지하여야 한다.

해설 모든 차의 운전자는 신호기로 교통정리를 하고 있는 교차로에서 좌회전 또는 우회전을 하고자 하는 경우에 신호기 또는 경찰공무원등의 신호 또는 지시에 따라 도로를 횡단하는 보행자의 통행을 방해하여서는 아니 된다. 즉 보행 신호등이 적색으로 바뀌어도 보행자로 하여금 안전하게 횡단할 수 있도록 하여야 한다.

76 ✦✦✦

신호가 없는 횡단보도를 통과할 때 가장 안전한 운전 방법은?

① 횡단하는 사람이 없다 하더라도 전방을 잘 살피며 서행한다.
② 횡단하는 사람이 없으므로 그대로 진행한다.
③ 횡단하는 사람이 없을 때 빠르게 지나간다.
④ 횡단하는 사람이 있을 수 있으므로 경음기를 울리며 그대로 진행한다.

해설 신호가 없는 횡단보도에서는 혹시 모르는 보행자를 위하여 전방을 잘 살피고 서행하여야 한다.

77 ✦✦✦

이륜자동차 운전자는 적색신호 시 횡단보도 및 교차로 직전에 (　)하여야 한다. 다음 중 (　) 안에 알맞은 것은?

① 감속　　② 서행
③ 정지　　④ 주행

해설 모든 자동차 운전자는 적색신호 시 횡단보도 및 교차로 직전에 정지하여야 한다.

78 ✦✦

도로에서 운전 시 가장 안전한 운전 행동은?

① 긴급자동차가 뒤를 따라오는 경우 속도를 높여 같이 주행한다.
② 어린이 보호구역에서는 사고위험이 높으므로 신속하게 통과한다.
③ 보행자가 도로를 횡단을 하는 경우 일시정지하여 보행자를 보호한다.
④ 전방의 차량을 앞지르고자 할 때는 앞차의 우측으로 통행한다.

해설 어린이 보호구역에서는 매시 30킬로미터 이내로 주행한다. 전방의 차량을 앞지르기 할 때에는 앞차의 좌측으로 통행한다. 교차로나 그 부근에서 긴급자동차가 접근하는 경우에는 차마와 노면전차의 운전자는 교차로를 피하여 일시정지하여야 한다. 모든 차와 노면전차의 운전자는 교차로나 그 부근 외의 곳에서 긴급자동차가 접근한 경우에는 긴급자동차가 우선통행할 수 있도록 진로를 양보하여야 한다.

79 ✦✦✦

도로교통법령상 보행자로 볼 수 있는 사람은?

① 의료용 전동휠체어를 타고 가는 사람
② 자전거를 타고 가는 사람
③ 전동 휠을 타고 가는 사람
④ 전동 킥보드를 타고 가는 사람

해설 교차로나 그 부근에서 보도(步道)란 연석선, 안전표지나 그와 비슷한 인공구조물로 경계를 표시하여 보행자(유모차와 행정안전부령으로 정하는 보행보조용 의자차를 포함)가 통행할 수 있도록 한 도로의 부분을 말한다. 보행보조용 의자차의 기준 : "행정안전부령이 정하는 보행보조용 의자차"란 식품의약품안전처장이 정하는 의료기기의 규격에 따른 수동휠체어, 전동휠체어 및 의료용 스쿠터의 기준에 적합한 것을 말한다.

80 ✦✦✦

다음 중 도로교통법령상 앞을 보지 못하는 사람에 준하는 사람은?

① 노인 ② 듣지 못하는 사람
③ 어린이 ④ 유모차를 끌고 가는 사람

해설 앞을 보지 못하는 사람에 준하는 사람은 다음 각 호의 어느 하나에 해당하는 사람을 말한다.
1. 듣지 못하는 사람
2. 신체의 평형기능에 장애가 있는 사람
3. 의족 등을 사용하지 아니하고는 보행을 할 수 없는 사람이다.

81 ✦✦✦

보행자의 도로 횡단 방법에 대한 설명으로 가장 맞는 것은?

① 보행자는 급할 때는 무단횡단 방지용 중앙분리대 밑으로 횡단할 수 있다.
② 보행자는 횡단보도가 없는 도로에서는 횡단할 수 없다.
③ 지체장애인은 도로 횡단시설을 이용하지 아니하고 도로를 횡단할 수 있다.
④ 보행자는 모든 차의 바로 앞이나 뒤로 어떠한 경우에도 횡단할 수 없다.

해설 **(도로의 횡단)** ② 보행자는 제1항에 따른 횡단보도, 지하도, 육교나 그 밖의 도로 횡단시설이 설치되어 있는 도로에서는 그 곳으로 횡단하여야 한다. 다만, 지하도나 육교 등의 도로 횡단시설을 이용할 수 없는 지체장애인의 경우에는 다른 교통에 방해가 되지 아니하는 방법으로 도로 횡단시설을 이용하지 아니하고 도로를 횡단할 수 있다. ③ 보행자는 제1항에 따른 횡단보도가 설치되어 있지 아니한 도로에서는 가장 짧은 거리로 횡단하여야 한다. ④ 보행자는 차와 노면전차의 바로 앞이나 뒤로 횡단하여서는 아니 된다. 다만, 횡단보도를 횡단하거나 신호기 또는 경찰공무원등의 신호나 지시에 따라 도로를 횡단하는 경우에는 그러하지 아니하다.

82 ✦✦

노면이 포장이 되지 않아 횡단보도표시를 할 수 없는 때에 반드시 설치해야 하는 안전표지는?

① 위험을 알리는 주의표지
② 노면이 고르지 못함을 표시하는 주의표지
③ 횡단보도의 길이를 표시하는 보조표지
④ 횡단보도의 너비를 표시하는 보조표지

해설 횡단보도를 설치하고자 하는 도로의 표면이 포장이 되지 아니하여 횡단보도표시를 할 수 없는 때에는 횡단보도표지판을 설치할 것. 이 경우 그 횡단보도표지판을 횡단보도의 너비를 표시하는 보조표지를 설치하여야 한다.

83 ✦✦✦

도로교통법상 이륜자동차의 운전자가 횡단보도를 이용하여 도로를 횡단할 때 가장 안전한 방법은?

① 이륜자동차에서 내려서 끌고 보행한다.
② 이륜자동차를 탄 상태 그대로 진행한다.
③ 이륜자동차를 타고 서행하면서 횡단한다.
④ 이륜자동차의 속도를 높여 신속히 횡단한다.

해설 이륜자동차의 운전자가 횡단보도를 이용하여 도로를 횡단할 때에는 이륜자동차에서 내려서 끌고 보행하여야 한다.

84 ✦✦✦

도로교통법상 보도와 차도가 구분되지 아니한 도로에서 보행자의 통행 방법으로 가장 안전한 것은?

① 차마와 마주보는 방향의 길가장자리구역으로 통행하여야 한다.
② 차마와 같은 방향의 길가장자리구역으로 통행하여야 한다.
③ 도로의 중앙선을 따라 통행하여야 한다.
④ 절대 통행할 수 없다.

해설 보도와 차도가 구분되지 아니한 도로에서 보행자는 차마와 마주보는 방향의 길가장자리 또는 길가장자리 구역으로 통행하여야 한다.

85 ✦✦

도로교통법상 의료용 전동휠체어는 어디로 통행해야 하는가?

① 차도 ② 자전거전용도로
③ 보도 ④ 자전거우선도로

해설 의료용 전동휠체어는 보행자이므로 보도로 통행해야 한다. 보행자는 보도와 차도가 구분된 도로에서는 언제나 보도로 통행하여야 한다. 다만, 차도를 횡단하는 경우, 도로공사 등으로 보도의 통행이 금지된 경우나 그 밖의 부득이한 경우에는 그러하지 아니하다.

86 ✦✦✦

이륜자동차 운전자가 도심지 이면도로를 주행하는 상황에서 가장 안전한 운전방법은?

① 전조등 불빛을 번쩍이면서 마주 오는 차에 주의를 준다.
② 경음기를 계속 사용하여 내 차의 진행을 알린다.
③ 어린이가 갑자기 도로 중앙으로 나올 수 있으므로 속도를 줄인다.
④ 속도를 높여 신속히 통과한다.

해설 충분한 안전거리를 유지하고, 서행하거나 일시 정지하여 자전거와 어린이의 움직임을 주시하면서 전방 상황에 대비하여야 한다.

87 ✦✦✦

다음 중 원동기장치자전거 운전자의 통행방법으로 맞는 것은?

① 차도에 차량이 많아 정체된 경우에는 차로와 차로 사이로 통행한다.
② 통행차로 중 오른쪽차로를 이용하여 통행한다.
③ 보도에 보행자가 없는 경우에는 보도로 통행한다.
④ 신속한 주행을 위하여 길가장자리구역으로 통행한다.

해설 이륜차 및 원동기장치자전거의 통행차로는 오른쪽차로를 이용하여 통행한다.

88 ✦✦✦

차량이 주유소나 상가를 출입하기 위해 보도를 통과할 경우 가장 안전한 운전방법은?

① 전조등을 번쩍이며 통과한다.
② 경음기를 울리며 통과한다.
③ 보행자가 방해를 받지 않도록 신속히 통과한다.
④ 일시정지 후 안전을 확인하고 통과한다.

해설 주유소나 상가를 출입하기 위해 보도를 통과할 경우 항상 일시정지한 후 안전을 확인하고 통과해야 한다.

89 ✦✦

차마의 통행 방법을 올바르게 설명한 것은?

① 차마는 도로의 중앙선 좌측을 통행한다.
② 차마는 도로의 중앙선 우측을 통행한다.
③ 도로 외의 곳에 출입하는 때에는 보도를 서행으로 통과한다.
④ 안전지대 등 안전표지에 의하여 진입이 금지된 장소는 일시정지 후 통과한다.

해설 차마의 운전자는 도로(보도와 차도가 구분된 도로에서는 차도를 말한다)의 중앙(중앙선이 설치되어 있는 경우에는 그 중앙선을 말한다)으로부터 우측 부분을 통행하여야 한다.

90 ✦✦✦

도로교통법상 가장 안전한 운전을 하고 있는 운전자는?

① 보행자가 횡단보도가 없는 도로를 횡단하고 있는 경우에 주의하여 보행자 옆을 주행한다.
② 가파른 비탈길의 오르막길에서는 속도를 높여 주행한다.
③ 신호등이 없고 좌·우를 확인할 수 없는 교차로에서 일시정지한다.
④ 어린이에 대한 교통사고의 위험이 있는 것을 발견한 경우에는 경음기를 울려서 어린이에게 위험을 알려준다.

해설 모든 차의 운전자는 교통정리를 하고 있지 아니하고 좌우를 확인할 수 없거나 교통이 빈번한 교차로에서는 일시정지하여야 한다.

91 ✦✦✦

다음 중 교통정리가 없는 교차로에 동시에 진입하려고 하는 경우, 통행의 우선 순위가 가장 낮은 차는?

① 도로의 폭이 넓은 도로를 진행하는 차
② 도로의 폭이 동일한 경우 좌회전하려는 차
③ 도로의 폭이 동일한 경우 교차로 우측 도로의 차
④ 도로의 폭이 동일한 경우 우회전하려는 차

해설 교통정리가 없는 교차로에 진입하는 경우 선 진입 차, 폭이 넓은 도로의 차, 우측도로의 차, 직진 및 우회전 차량이 그렇지 않은 차량에 대하여 진입의 우선권이 있다.

92 ✦✦✦

도로교통법상 차마의 통행방법 및 속도에 대한 설명으로 옳지 않은 것은?

① 신호가 없는 교차로에서 좌회전 시 직진하려는 다른 차가 있는 경우 직진 차에게 진로를 양보하여야 한다.
② 차도와 보도의 구별이 없는 도로에서 차량 정차 시 도로의 오른쪽 가장자리로부터 중앙으로 50센티미터 이상의 거리를 두어야 한다.
③ 교차로에서 앞 차가 우회전을 하려고 신호를 하는 경우 뒤따르는 차는 앞 차의 진행을 방해해서는 안 된다.
④ 자동차전용도로에서의 최저속도는 매시 40킬로미터이다.

해설 ④ 자동차전용도로에서의 최저속도는 매시 30킬로미터이다.

93 ✦✦✦

다음 중 교차로에 진입하여 신호가 바뀐 후에도 지나가지 못해 다른 차량 통행을 방해하는 행위인 "꼬리 물기"를 하였을 때의 위반 행위로 맞는 것은?

① 교차로 통행방법 위반
② 일시정지 위반
③ 진로 변경 방법 위반
④ 혼잡 완화 조치 위반

해설 **(교차로 통행방법)** 모든 차의 운전자는 신호기로 교통정리를 하고 있는 교차로에 들어가려는 경우에는 진행하려는 진로의 앞쪽에 있는 차의 상황에 따라 교차로(정지선이 설치되어 있는 경우에는 그 정지선을 넘은 부분을 말한다)에 정지하게 되어 다른 차의 통행에 방해가 될 우려가 있는 경우에는 그 교차로에 들어가서는 아니 된다.

94 ✦✦✦

다음 중 안전거리에 대한 설명으로 가장 적절한 것은?

① 앞차가 갑자기 정지하게 되는 경우, 그 앞차와의 충돌을 피할 수 있는 거리
② 자전거가 뒤따라 올 때 자전거가 자동차의 뒤를 충돌할 것에 대비하는 거리
③ 브레이크가 작동되기 시작하면서부터 자동차가 정지할 때까지의 거리
④ 위험을 발견하고 브레이크 페달을 밟아 브레이크가 듣기 시작하는 순간까지의 거리

해설 모든 차의 운전자는 같은 방향으로 가고 있는 앞차의 뒤를 따르는 경우에는 앞차가 갑자기 정지하게 되는 경우 그 앞차와의 충돌을 피할 수 있는 필요한 거리를 확보하여야 한다.

95 ✦✦

도로에 과속방지턱을 설치하는 목적은?

① 연료를 절약하기 위해서
② 차량 속도를 줄여 서행을 유도하기 위해서
③ 교통량을 줄이기 위해서
④ 위반 차량을 단속하기 위해서

해설 학교 앞이나 아파트 단지 입구 등에 과속방지턱을 설치하는 것은 차량 속도를 줄여 서행을 유도하기 위함이다.

96 ✦✦✦

다음 중 길가장자리구역에 대한 설명이다. 가장 알맞은 것은?

① 보행자의 안전을 확보하기 위하여 안전표지 등으로 경계를 표시한 곳이다.
② 보도와 차도가 구분된 도로에 자전거를 위하여 설치한 곳이다.
③ 보행자가 도로를 횡단할 수 있도록 안전표지로 써 표시한 곳이다.
④ 이륜자동차 또는 원동기장치자전거가 다니는 곳이다.

해설 "길가장자리구역"이란 보도와 차도가 구분되지 아니한 도로에서 보행자의 안전을 확보하기 위하여 안전표지 등으로 경계를 표시한 도로의 가장자리 부분을 말한다.

97 ✦✦✦

정지거리에 대한 설명으로 맞는 것은?

① 운전자가 브레이크 페달을 밟은 후 최종적으로 정지한 거리
② 앞차가 급정지 시 앞차와의 추돌을 피할 수 있는 거리
③ 위험을 발견하고 브레이크 페달을 밟아 실제로 차량이 정지하기까지 진행한 거리
④ 운전자가 위험을 발견하고 브레이크 페달을 밟아 브레이크가 실제로 듣기 시작할 때까지의 거리

해설 ① 제동 거리 ② 안전거리 ④ 공주거리

98 ✦✦✦

다음 중 이륜자동차 운전자의 속도 준수에 대한 설명으로 가장 알맞은 것은?

① 일반도로에서는 법정속도를 준수하지 않아도 된다.
② 법정속도보다 안전표지가 지정하고 있는 제한속도를 우선 준수해야 한다.
③ 법정속도와 안전표지 제한속도가 다른 경우 어느 하나만 준수해도 된다.
④ 안전표지의 지정속도보다 법정속도가 우선이다.

해설 일반도로에서는 법정속도를 준수해야 하며 법정속도보다 안전표지가 지정하고 있는 제한속도를 우선 준수해야 한다.

99 ✦✦✦

교차로에 진입하려는데, 경찰공무원이 정지하라는 수신호를 보냈다. 다음 중 가장 안전한 운전 방법은?

① 정지선 직전에 일시정지한다.
② 빠른 속도로 진입한다.
③ 비상 점멸등을 켜며 진입한다.
④ 교차로에 서서히 진입한다.

해설 교통안전시설이 표시하는 신호 또는 지시와 교통정리를 위한 경찰공무원 등의 신호 또는 지시가 다른 경우에는 경찰공무원 등의 신호 또는 지시에 따라야 한다.

100 ✦✦✦

정체된 교차로에서 좌회전할 경우 가장 알맞은 방법은?

① 가급적 앞차를 따라 진입한다.
② 녹색신호에는 진입해도 무방하다.
③ 적색신호라도 공간이 생기면 진입한다.
④ 녹색신호라도 공간이 없으면 진입하지 않는다.

해설 모든 차의 운전자는 신호기에 의하여 교통정리가 행하여지고 있는 교차로에 들어가려는 때에는 진행하고자 하는 진로의 앞쪽에 있는 차의 상황에 따라 교차로에 정지하게 되어 다른 차의 통행에 방해가 될 우려가 있는 경우에는 그 교차로에 들어가서는 아니 된다.

101 ✦✦✦

다음은 주·정차 방법에 대한 설명이다. 맞는 것은?

① 야간에는 도로에서 주차를 할 때 안전표지에 따르지 않아도 된다.
② 경찰공무원의 지시에 따를 때에는 다른 교통에 방해가 되어도 주·정차할 수 있다.
③ 차도와 보도의 구분이 없는 도로에 주차할 때에는 안전지대에도 할 수 있다.
④ 버스정류장에서 승객이 승차할 경우 정차는 가능하지만 주차는 할 수 없다.

해설 모든 차의 운전자는 도로에서 주·정차할 때 정해진 방법에 따라 다른 교통에 방해가 되지 않도록 하여야 하고, 안전표지 또는 경찰공무원 등의 지시에 따를 때와 고장으로 인하여 부득이 주차하는 때에는 그러하지 아니하다. 버스가 정류장에서 승객을 승하차할 때에는 주차와 정차 모두 가능하고, 안전지대는 주차와 정차가 금지되어 있는 장소이다.

102 ✦✦✦

다음 중 도로교통법상 주차가 금지되는 곳은?

① 주차장법에 따라 차도와 보도에 걸쳐서 설치된 노상 주차장
② 보도와 차도가 구분된 도로의 주차구역
③ 교차로의 가장자리나 도로의 모퉁이로부터 5미터 이내
④ 주택가 이면도로의 거주자 우선 주차구역

해설 교차로의 가장자리나 도로의 모퉁이로부터 5미터 이내인 곳은 도로교통법상 주차 및 정차가 금지된 곳이다.

103 ✦✦

도로교통법령상 이륜자동차 운전자가 최고속도보다 시속 80킬로미터를 초과하고 100킬로미터 이하로 운전한 처벌은?

① 30만원 이하의 벌금이나 구류
② 100만원 이하의 벌금이나 구류
③ 6개월 이하의 징역이나 200만원 이하의 벌금
④ 1년 이하의 징역이나 500만원 이하 벌금

104 ✦✦✦

다음 중 편도 4차로 일반도로에서 이륜자동차의 주행차로는?

① 1차로 ② 2차로
③ 3, 4차로 ④ 모든 차로

105 ✦✦✦

경사가 심한 편도 2차로의 오르막길을 주행할 때 가장 안전한 운전 방법은?

① 전방 화물 차량으로 인해 시야가 막힌 경우 재빨리 차로변경을 한다.
② 고단 기어를 사용하여 오르막길을 주행한다.
③ 속도가 낮은 차량의 경우 2차로로 주행한다.
④ 속도가 높은 차량의 경우 더욱 가속하며 주행한다.

해설 오르막길을 주행할 때 가장 안전한 운전방법은 급차로 변경이나 급정지, 급가속 등은 피하고 저속차량의 경우 차량 진행을 위하여 하위 차로를 이용하여 주행하는 것이 안전하다.

106 ✦✦✦

도로교통법령상 밤에 고장 등의 사유로 도로에서 이륜자동차를 정차 또는 주차하는 경우 켜야 하는 등화로 맞는 것은?

① 전조등 ② 차폭등
③ 미등 ④ 번호등

해설 이륜자동차가 밤에 도로에서 정차 또는 주차하는 경우 켜야 하는 등화는 미등(후부반사기를 포함)을 켜야 한다.

107 ✦✦

이륜자동차를 다음과 같이 주행하였다. 도로교통법상 속도위반이 되지 않는 경우는? (주거·상업·공업지역 제외)

① 노면이 얼어붙은 편도 2차로의 일반도로를 매시 70킬로미터로 주행하였다.
② 눈이 내려 20밀리미터 미만 쌓인 편도 2차로의 일반도로를 매시 50킬로미터로 주행하였다.
③ 비가 내려 노면이 젖어 있는 편도 2차로의 일반도로를 매시 80킬로미터로 주행하였다.
④ 안개가 끼어 가시거리가 100미터 이내인 편도 2차로의 일반도로를 매시 50킬로미터로 주행하였다.

해설 최고속도의 100분의 20을 줄인 속도로 운행하여야 하는 경우는 비가 내려 노면이 젖어있는 경우와 눈이 20밀리미터 미만 쌓인 경우이다. 최고속도의 100분의 50을 줄인 속도로 운행하여야 하는 경우는 폭우·폭설·안개 등으로 가시거리가 100미터 이내인 경우, 노면이 얼어붙은 경우, 눈이 20밀리미터 이상 쌓인 경우이다. 편도 2차로 이상 일반도로의 제한속도는 매시 80킬로미터이다.

108 ✦✦

다음 중 이륜자동차가 과속방지턱을 통과하는 방법으로 가장 올바른 것은?

① 과속방지턱을 피해 길가장자리구역으로 통과한다.
② 가속하여 통과한다.
③ 급제동하여 통과한다.
④ 서행하여 통과한다.

해설 미리 속도를 줄여 서행으로 통과한다.

109 ✦✦

앞차를 앞지르기 할 때 위반에 해당하는 것은?

① 편도 2차로 오르막길에서 백색점선을 넘어 앞지르기하였다.
② 반대 방향의 안전을 살피고 황색실선의 중앙선을 넘어 앞지르기하였다.
③ 비포장도로에서 앞차의 좌측으로 앞지르기하였다.
④ 황색점선의 중앙선이 설치된 도로에서 안전을 살피고 앞지르기하였다.

해설 백색 실선은 진로 변경 제한선이고 백색 점선의 차선은 안전을 살피고 진로 변경이 가능한 표시이며, 황색 실선의 중앙선은 넘어서는 안 되는 표시이고, 황색 점선의 중앙선은 안전을 살피고 앞지르기를 할 수 있는 구간이다.

110 ✦✦✦

다음 중 앞지르기가 가능한 장소는?

① 교차로
② 황색실선의 국도
③ 터널 안
④ 황색점선의 지방도

해설 교차로, 터널 안, 다리 위와 도로의 구부러진 곳, 비탈길의 고갯마루 부근, 또는 가파른 내리막 등 시·도경찰청장이 도로에서의 위험을 방지하고 교통의 안전과 원활한 소통을 확보하기 위하여 필요하다고 인정하는 곳으로서 안전표지로 지정한 곳, 황색실선을 절대 넘어가서는 안 되는 곳이며 점선 부근에서는 앞지르기가 가능하다. (도로교통법 제22조)

111 ✦✦✦

이륜자동차의 앞지르기 방법에 대한 내용으로 올바른 것은?

① 주간에는 터널 안에서 앞지르기할 수 있다.
② 앞차의 좌측이나 우측 관계없이 할 수 있다.
③ 교차로는 앞지르기 금지장소이므로 앞지르기를 할 수 없다.
④ 앞차의 우측으로 안전하게 앞지르기한다.

해설 교차로는 앞지르기 금지장소이므로 앞지르기를 할 수 없다. 터널 안에서는 주야간 모두 앞지르기를 할 수 없으며 앞지르기를 할 때에는 앞차의 좌측으로 할 수 있다.

112 ✦✦✦

다음은 다른 차를 앞지르기하려는 자동차의 속도에 대한 설명이다. 맞는 것은?

① 다른 차를 앞지르기하는 경우에는 속도의 제한이 없다.
② 해당 도로의 법정 최고 속도의 100분의 50을 더한 속도까지는 가능하다.
③ 운전자의 운전 능력에 따라 제한 없이 가능하다.
④ 해당 도로의 최고 속도 이내에서만 앞지르기가 가능하다.

해설 해당도로의 최고속도 이내에서만 앞지르기가 가능하다.

113 ✦✦✦

교차로 내에서 앞에 진행하는 차의 좌측을 통행하여 앞지르기 하였다. 위반 내용은?

① 우선권 양보 불이행
② 앞지르기 금지 장소 위반
③ 중앙선 침범 위반
④ 앞지르기 방법 위반

해설 다리 위, 교차로, 터널 안은 앞지르기가 금지된 장소이므로 앞지르기를 할 수 없다.

114 ✦✦✦

다음 중 차로를 변경할 수 있는 구간은?

① 차선이 백색점선으로 설치된 구간
② 차선이 황색실선으로 설치된 구간
③ 다리 위에 백색실선이 설치된 구간
④ 터널 안에 백색실선이 설치된 구간

해설 차선이 백색점선으로 설치된 구간에서는 차로를 변경할 수 있으나, 백색실선은 차로변경이 금지된 구간이다.

115 ✦✦✦

터널 안에서의 앞지르기에 대한 설명으로 맞는 것은?

① 좌측으로 앞지르기를 해야 한다.
② 전조등을 켜고 앞지르기를 해야 한다.
③ 법정 최고 속도의 한도 내에서 앞지르기를 해야 한다.
④ 앞지르기를 해서는 안 된다.

해설 교차로, 다리 위, 터널 안 등은 앞지르기가 금지된 장소이므로 앞지르기를 할 수 없다.

116 ✦✦✦

앞지르기를 할 수 있는 경우로 맞는 것은?

① 앞차가 다른 차를 앞지르고 있을 경우
② 앞차가 위험 방지를 위하여 정지 또는 서행하고 있는 경우
③ 앞차의 좌측에 다른 차가 앞차와 나란히 진행하고 있는 경우
④ 앞차가 저속으로 진행하면서 다른 차와 안전거리를 확보하고 있을 경우

해설 모든 차의 운전자는 앞차의 좌측에 다른 차가 앞차와 나란히 가고 있는 경우, 앞차가 다른 차를 앞지르고 있거나 앞지르고자 하는 경우에는 앞차를 앞지르기하지 못한다.

117 ✦✦✦

이륜자동차 운전 중 편도 1차로 도로에서 승용차가 느리게 진행하고 있을 때 앞지르기하는 방법으로 가장 적절한 것은?

① 차로의 오른쪽 길가장자리 구역을 이용하여 앞지르기한다.
② 황색 점선의 중앙선이 설치된 곳에서 마주 오는 차가 없을 때 앞지르기한다.
③ 가급적 승용차와 나란히 하여 앞지르기한다.
④ 황색 실선의 중앙선이 설치된 곳에서 마주 오는 차가 없을 때에는 앞지르기한다.

118 ✦✦✦

중앙선이 황색 점선과 황색 실선의 복선으로 설치된 때의 앞지르기에 대한 설명으로 맞는 것은?

① 황색 실선과 황색 점선 어느 쪽에서도 중앙선을 넘어 앞지르기할 수 없다.
② 황색 점선이 있는 측에서는 중앙선을 넘어 앞지르기할 수 있다.
③ 안전이 확인되면 황색 실선과 황색 점선 상관없이 앞지르기할 수 있다.
④ 황색 실선이 있는 측에서는 중앙선을 넘어 앞지르기할 수 있다.

해설 황색점선이 있는 측에서는 중앙선을 넘어 앞지르기할 수 있으나 황색 실선이 있는 측에서는 중앙선을 넘어 앞지르기할 수 없다.

119 ✦✦✦

도로교통법상 긴급한 용도로 운행 중인 긴급자동차가 다가올 때 운전자의 준수사항으로 맞는 것은?

① 교차로에 긴급자동차가 접근할 때에는 교차로 내 좌측 가장자리에 일시정지해야 한다.
② 교차로에서 긴급자동차가 접근하는 경우에는 교차로를 피하여 일시정지하여야 한다.
③ 긴급자동차보다 속도를 높여 신속히 통과한다.
④ 그 자리에 일시정지하여 긴급자동차가 지나갈 때까지 기다린다.

해설 도로교통법 제29조제4항 및 제5항 교차로나 그 부근에서 긴급자동차가 접근하는 경우에는 차마와 노면전차의 운전자는 교차로를 피하여 일시정지하여야 한다. 모든 차와 노면전차의 운전자는 제4항에 따른 곳 외의 곳에서 긴급자동차가 접근한 경우에는 긴급자동차가 우선통행할 수 있도록 진로를 양보하여야 한다.

120 ✦✦✦

교차로에서 우회전 중 소방차가 경광등을 켜고 사이렌을 울리며 접근할 경우에 가장 안전한 운전방법은?

① 교차로를 피하여 일시정지한다.
② 즉시 현 위치에서 정지한다.
③ 서행하면서 우회전한다.
④ 교차로를 신속하게 통과한 후 계속 진행한다.

해설 교차로나 그 부근에서 긴급자동차가 접근하는 경우에는 차마와 노면전차의 운전자는 교차로를 피하여 일시정지하여야 한다.

121 ✦✦✦

도로를 주행 중에 긴급자동차가 접근하고 있다. 운전자로서 가장 올바른 조치는?

① 법정속도 이상으로 긴급자동차를 피하여 주행한다.
② 긴급자동차가 우선 통행할 수 있도록 진로를 양보한다.
③ 도로에서는 특별한 조치 없이 주행한다.
④ 도로의 좌측 가장자리로 피하여 양보함이 원칙이다.

해설 교차로나 그 부근에서 긴급자동차가 접근하는 경우에는 차마와 노면전차의 운전자는 교차로를 피하여 일시정지하여야 한다. 모든 차와 노면전차의 운전자는 교차로나 그 부근 외의 곳에서 긴급자동차가 접근한 경우에는 긴급자동차가 우선통행할 수 있도록 진로를 양보하여야 한다.

122 ✦✦

긴급자동차로 볼 수 있는 것은?

① 고장 수리를 위해 자동차 정비 공장으로 가고 있는 소방차
② 응급 환자를 이송하고 복귀하는 구급차
③ 공무 수행 중인 모든 자동차
④ 시・도경찰청장으로부터 지정을 받고 전파 감시업무에 사용 중인 자동차

해설 소방차, 구급차, 혈액공급차량, 그 밖에 대통령령으로 정하는 자동차, 시・도경찰청장으로부터 지정을 받고 전파 감시업무에 사용 중인 자동차는 긴급자동차에 해당, 응급환자를 이송하는 구급차 등이 긴급자동차에 해당한다.

123 ✦✦✦

이륜자동차가 생명이 위독한 환자를 이송 중인 경우 긴급자동차로 인정받기 위한 조치는?

① 관할 경찰서장의 허가를 받아야 한다.
② 전조등 또는 비상등을 켜고 운행한다.
③ 생명이 위독한 환자를 이송 중이기 때문에 특별한 조치가 필요 없다.
④ 반드시 다른 자동차의 호송을 받으면서 운행하여야 한다.

해설 구급자동차를 부를 수 없는 상황으로 일반자동차로 생명이 위독한 환자를 이송해야 하는 긴급한 상황에서 주변 자동차 운전자의 양보를 받으며 병원 등으로 운행해야 하는 경우에 긴급자동차로 특례를 적용받기 위해서는 전조등 또는 비상등을 켜거나 그 밖에 적당한 방법을 통하여 긴급한 목적으로 운행되고 있음을 표시하여야 한다.

124 ✦✦✦

긴급한 용도로 운행 중 교통사고를 일으킨 경우 형을 감면할 수 있는 긴급자동차는?

① 전기사업 기관에서 위험 방지를 위한 응급작업에 사용되는 자동차
② 전파감시업무에 사용되는 자동차
③ 수용자의 호송에 사용되는 교도소 자동차
④ 혈액 공급차량

해설 소방차, 구급차, 혈액 공급차량, 경찰용 자동차의 운전자가 그 차를 본래의 긴급한 용도로 운행하는 중에 교통사고를 일으킨 경우에는 그 긴급활동의 시급성과 불가피성 등 정상을 참작하여 형을 감경하거나 면제할 수 있다.

125 ✦✦

긴급자동차 양보의무를 위반한 이륜자동차 운전자의 범칙금액은?

① 3만원 ② 4만원
③ 6만원 ④ 7만원

해설 긴급자동차에 대한 양보·일시정지 위반의 경우 이륜자동차등 4만원

126 ✦✦

긴급자동차 운전자가 긴급한 용도 외에 경광등을 사용할 수 있는 경우가 아닌 것은?

① 경찰용 자동차가 교통단속을 위하여 순찰을 하는 경우
② 민방위 훈련에 동원된 자동차가 그 본래의 긴급한 용도와 관련된 훈련에 참여하는 경우
③ 전화의 수리공사에 사용되는 자동차가 사고 예방을 위하여 순찰을 하는 경우
④ 소방차가 화재 예방을 위하여 순찰을 하는 경우

해설 **(긴급한 용도 외에 경광등 등을 사용할 수 있는 경우)** 각 목의 자동차 운전자는 해당 자동차를 그 본래의 긴급한 용도로 운행하지 아니하는 경우에도 다음 각 호의 어느 하나에 해당하는 경우에는 「자동차관리법」에 따라 해당 자동차에 설치된 경광등을 켜거나 사이렌을 작동할 수 있다.

1. 소방차가 화재 예방 및 구조·구급 활동을 위하여 순찰을 하는 경우
2. 그 본래의 긴급한 용도와 관련된 훈련에 참여하는 경우
3. 범죄 예방 및 단속을 위하여 순찰을 하는 경우

127 ✦✦

긴급한 용도임에도 경광등을 켜지 않아도 되는 긴급자동차는?

① 긴급한 우편물의 운송에 사용되는 자동차
② 소방차
③ 경호업무 수행에 공무로 사용되는 자동차
④ 구급차

해설 긴급자동차는 「자동차관리법」에 따른 자동차의 안전운행에 필요한 기준에서 정한 긴급자동차의 구조를 갖추어야 하고, 우선 통행 및 긴급자동차에 대한 특례와 그 밖에 법에서 규정된 특례의 적용을 받고자 하는 때에는 사이렌을 울리거나 경광등을 켜야 한다. 다만, 속도에 관한 규정을 위반하는 자동차 등을 단속하는 경우의 긴급자동차와 국내외 요인에 대한 경호 업무 수행에 공무로 사용되는 자동차는 그러하지 아니하다.

128 ✦✦

다음 중 긴급자동차로 볼 수 없는 것은?

① 도로관리를 위한 자동차에 의하여 유도되고 있는 자동차
② 경찰용 긴급자동차에 의하여 유도되고 있는 자동차
③ 국군의 긴급자동차에 의하여 유도되고 있는 국군의 자동차
④ 생명이 위급한 환자를 운송 중인 자동차

해설 **(긴급자동차의 종류)** ② 제1항 각 호에 따른 자동차 외에 다음 각 호의 어느 하나에 해당하는 자동차는 긴급자동차로 본다.

1. 경찰용 긴급자동차에 의하여 유도되고 있는 자동차
2. 국군 및 주한 국제연합군용의 긴급자동차에 의하여 유도되고 있는 국군 및 주한 국제연합군의 자동차
3. 생명이 위급한 환자 또는 부상자나 수혈을 위한 혈액을 운송 중인 자동차

129 ✦✦

이륜자동차 운전자가 보호구역이 아닌 도로에서 신호위반하여 중상 2명의 인적피해 교통사고를 발생시킨 경우 벌점은?

① 15점　② 30점
③ 45점　④ 60점

해설 운전면허 취소·정지처분 기준에 따라 신호위반 벌점 15점, 중상 1명당 15점

130 ✦✦✦

중앙선이 설치되지 아니한 도로에서 어린이 통학버스를 마주 보고 운행할 때 올바른 운행 방법은?

① 어린이가 타고 내리는 중임을 표시하는 점멸등이 작동 중인 경우 그냥 지나친다.
② 어린이가 타고 내리는 중임을 표시하는 점멸등이 작동 중인 경우 서행한다.
③ 어린이가 타고 내리는 중임을 표시하는 점멸등이 작동 중인 경우 일시정지하여 안전을 확인한 후 서행한다.
④ 어린이가 타고 내리는 중임을 표시하는 점멸등이 작동 중인 경우 가속하여 지나친다.

해설 **(어린이통학버스의 특별보호)** ① 어린이통학버스가 도로에 정차하여 어린이나 영유아가 타고 내리는 중임을 표시하는 점멸등 등의 장치를 작동 중일 때에는 어린이통학버스가 정차한 차로와 그 차로의 바로 옆 차로로 통행하는 차의 운전자는 어린이통학버스에 이르기 전에 일시정지하여 안전을 확인한 후 서행하여야 한다. ② 제1항의 경우 중앙선이 설치되지 아니한 도로와 편도 1차로인 도로에서는 반대방향에서 진행하는 차의 운전자도 어린이통학버스에 이르기 전에 일시정지하여 안전을 확인한 후 서행하여야 한다.

131 ✦✦✦

편도 2차로 도로에서 1차로로 어린이 통학버스가 어린이나 영유아를 태우고 있음을 알리는 표시를 하며 주행 중이다. 가장 안전한 운전 방법은?

① 2차로가 비어 있어도 앞지르기를 하지 않는다.
② 2차로로 앞지르기하여 주행한다.
③ 경음기를 울려 전방 진로를 비켜 달라는 표시를 한다.
④ 반대 차로의 상황을 주시한 후 중앙선을 넘어 앞지르기한다.

해설 보기 중 가장 안전한 운전 방법은 2차로가 비어 있어도 앞지르기를 하지 않는 것이다. 모든 차의 운전자는 어린이나 영유아를 태우고 있다는 표시를 한 상태로 도로를 통행하는 어린이통학버스를 앞지르지 못한다. (도로교통법 제51조)

132 ✦✦

어린이 보호구역에 관한 설명 중 맞는 것은?

① 유치원이나 중학교 앞에 설치할 수 있다.
② 시장 등은 차의 통행속도를 제한할 수 있다.
③ 어린이 보호구역에서의 어린이는 12세 미만인 자를 말한다.
④ 차량의 운행 속도를 매시 30킬로미터 이내로 제한할 수 없다.

해설 어린이 보호구역은 중학교 앞에는 설치할 수 없으며, 어린이 보호구역에서의 어린이는 13세 미만인 자를 말한다. 어린이 보호구역에서는 차량의 통행속도를 매시 30킬로미터 이내로 제한할 수 있다.

133 ✦✦✦

어린이 보호구역에 대한 설명으로 맞는 것은?

① 초등학교 주출입문 100미터 이내의 도로 중 일정 구간을 말한다.
② 자동차의 운행 속도를 매시 40킬로미터 이내로 제한할 수 있다.
③ 어린이 보호구역 내 설치된 신호기의 보행 시간은 어린이 최고 보행 속도를 기준으로 한다.
④ 어린이 보호구역에서는 자동차 통행을 제한할 수 있다.

해설 어린이 보호구역은 초등학교 주출입문을 중심으로 반경 300미터 이내의 도로 중 일정구간을 보호구역으로 지정한다. 자동차의 운행속도를 매시 30킬로미터 이내로 제한할 수 있으며 차마의 통행금지나 제한을 둘 수 있으며 주·정차를 금지할 수 있다.

134 ✦✦

어린이 보호구역의 지정권자로 틀린 것은?

① 특별시장
② 광역시장
③ 광역시 외의 군의 군수
④ 경찰청장

해설 시장 등은 교통사고의 위험으로부터 어린이를 보호하기 위하여 필요하다고 인정하는 경우에는 각 호의 어느 하나에 해당하는 시설의 주변도로 가운데 일정 구간을 어린이 보호구역으로 지정하여 자동차등과 노면전차의 통행속도를 시속 30킬로미터 이내로 제한할 수 있다.

135 ✦✦

어린이 보호구역내 설치할 수 있는 안전시설물이 아닌 것은?

① 방호울타리 ② 모형 횡단보도
③ 과속방지시설 ④ 어린이 보호구역 도로표지

해설 방호울타리, 과속방지시설, 도로반사경, 미끄럼 방지 시설, 어린이보호구역 도로표지 등을 설치할 수 있다.

136 ✦✦✦

도로교통법령상 오전 8시부터 오후 8시까지 어린이 보호구역 내에서 법규위반 시 벌점 또는 범칙금이 가중 처벌되는 것이 아닌 것은?

① 앞지르기위반 ② 신호·지시위반
③ 속도위반 ④ 보행자 통행 방해

해설 어린이 보호구역 내에서 신호·지시위반, 속도위반, 보행자 통행방해에 한해서 벌점 또는 범칙금, 과태료 등이 가중처벌된다.

137 ✦✦✦

어린이통학버스 요건과 운영 및 운행 등에 대한 설명이다. 틀린 것은?

① 어린이통학버스란 어린이를 교육대상으로 하는 시설에서 어린이의 통학 등에 이용되는 자동차를 말한다.
② 어린이통학버스를 운행하는 자는 어린이를 탑승시키고 운행할 때에만 경찰서장으로부터 교부받은 신고증명서를 어린이 통학버스 안에 비치하여야 한다.
③ 모든 차의 운전자는 어린이 또는 영유아를 태우고 있다는 표시를 하고 도로를 통행하는 어린이 통학버스를 안전하다 하더라도 앞지르지 못한다.
④ 어린이통학버스를 운영하는 자는 어린이통학버스에 어린이나 영유아를 태울 때에는 보호자를 함께 태우고 운행하여야 한다.

해설 어린이통학버스를 운영하는 자는 어린이통학버스 안에 발급받은 신고증명서를 항상 갖추어 두어야 한다.

138 ✦✦✦

이륜자동차 운전자가 오전 9시경 제한속도 매시 30킬로미터인 어린이 보호구역에서 매시 72킬로미터 속도로 주행한 경우 범칙금과 벌점으로 맞는 것은?

① 8만원, 60점 ② 6만원, 40점
③ 4만원, 30점 ④ 2만원, 15점

해설 어린이 보호구역 안에서 오전 8시부터 오후 8시까지 사이에 속도위반을 한 이륜자동차 운전자에 대해서는 기준의 2배에 해당하는 벌점을 부과하고 범칙금도 가중된다.

139 ✦✦

이륜자동차 운전자가 어린이를 태우고 있다는 표시를 하고 도로를 통행하는 어린이 통학버스를 앞지르기한 경우 범칙금과 벌점으로 맞는 것은?

① 9만원, 40점 ② 6만원, 30점
③ 3만원, 15점 ④ 2만원, 10점

해설 이륜자동차 운전자가 어린이를 태우고 있다는 표시를 하고 도로를 통행하는 어린이 통학버스를 앞지르기한 경우 범칙금 6만원과 30점의 벌점이 부과된다.

140 ✦✦✦

이륜자동차 운전자가 오전 10시경 어린이 보호구역내에서 다음의 위반을 하였다. 범칙금이 가중될 수 있는 것은?

① 중앙선 침범
② 운전 중 휴대전화사용
③ 주·정차 금지 위반
④ 진로 변경방법 위반

해설 오전 8시부터 오후 8시까지 어린이보호구역 내에서 신호·지시위반, 횡단보도 보행자횡단방해, 속도위반, 통행금지·제한 위반, 보행자 통행 방해 또는 보호 불이행, 주·정차 금지 위반의 경우 범칙금이 가중된다.

141 ✦✦✦

도로교통법령상 원동기장치자전거(개인형 이동장치 제외) 운전자가 오후 3시경 어린이 보호구역내에서 통행금지·제한사항을 위반한 경우 범칙금으로 맞는 것은?

① 8만원 ② 6만원
③ 2만원 ④ 1만원

해설 이륜자동차등 범칙금 6만원, 자전거등(개인형 이동장치 포함) 범칙금 5만원

142 ✦✦✦

원동기장치자전거 운전자가 ( )부터 ( )까지 어린이 보호구역 내에서 횡단보도 보행자의 횡단을 방해할 경우 범칙금이 가중된다. ( )에 순서대로 맞는 것은?

① 오전 6시, 오후 6시
② 오전 7시, 오후 7시
③ 오전 8시, 오후 8시
④ 오전 9시, 오후 9시

해설 원동기장치자전거 운전자가 오전 8시부터 오후 8시까지 어린이보호구역 내에서 횡단보도 보행자의 횡단을 방해할 경우 범칙금이 가중된다.

143 ✦✦✦

이륜자동차 운전자가 어린이 보호구역 내에서 운전 중 안전운전 불이행으로 어린이를 다치게 하였을 경우 어떻게 되는가?

① 어린이 부모와 형사 합의하면 처벌되지 않는다.
② 형사 처벌된다.
③ 종합보험에 가입되어 있으면 처벌되지 않는다.
④ 운전자 보험에 가입되어 있으면 처벌되지 않는다.

해설 어린이보호구역내에서 운전 중 어린이를 다치게 하면 형사 처벌한다.

144 ✦✦

도로교통법상 교통사고의 위험으로부터 노인의 안전과 보호를 위하여 지정하는 구역은?

① 고령자 보호구역 ② 노인 복지구역
③ 노인 보호구역 ④ 노인 안전구역

해설 교통사고의 위험으로부터 노인의 안전과 보호를 위하여 지정하는 구역은 노인 보호구역이다.

145 ✦✦✦

다음 중 서행할 때 가장 알맞은 수신호 방법은?

① 이륜자동차 운전자는 수신호 할 수 없다.
② 팔을 차체의 밖으로 내어 45도 밑으로 편다.
③ 팔을 차체의 밖으로 내어 45도 밑으로 펴서 상하로 흔든다.
④ 오른팔 또는 왼팔을 차체의 좌측 또는 우측 밖으로 수평으로 펴서 손을 앞뒤로 흔든다.

해설 서행할 때 가장 알맞은 수신호 방법은 팔을 차체의 밖으로 내어 45도 밑으로 펴서 상하로 흔든다.

146 ✦

「노인 보호구역」에서 노인을 위해 시·도경찰청장이나 경찰서장이 할 수 있는 조치가 아닌 것은?

① 차마의 통행을 금지하거나 제한할 수 있다.
② 이면도로를 일방통행로로 지정·운영할 수 있다.
③ 차마의 운행속도를 매시 30킬로미터 이내로 제한할 수 있다.
④ 주출입문 연결도로에 노인을 위한 노상주차장을 설치할 수 있다.

해설 **(보호구역에서의 필요한 조치)** 제1항에 의하면 시·도경찰청이나 경찰서장은 보호구역에서 구간별·시간대별로 다음 각 호의 조치를 할 수 있다.
1. 차마의 통행을 금지하거나 제한하는 것
2. 차마의 정차나 주차를 금지하는 것
3. 운행속도를 시속 30킬로미터 이내로 제한하는 것
4. 이면도로를 일방통행로로 지정·운영하는 것

147 ✦✦

노인보호구역의 지정권자로 맞는 것은?

① 노인대학장
② 대한노인협회장
③ 광역시 외의 군의 군수
④ 경찰청장

해설 시장 등은 교통사고의 위험으로부터 어린이를 보호하기 위하여 필요하다고 인정하는 경우에는 다음 각 호의 어느 하나에 해당하는 시설의 주변도로 가운데 일정 구간을 어린이 보호구역으로 지정하여 자동차등의 통행속도를 시속 30킬로미터 이내로 제한할 수 있다.

148 ✦✦

다음 중 도로교통법을 위반하지 않은 노인은?

① 횡단보도가 없는 도로를 가장 짧은 거리로 횡단하였다.
② 통행차량이 없어 횡단보로로 통행하지 않고 도로를 가로질러 횡단하였다.
③ 정차하고 있는 화물차 바로 뒤쪽으로 도로를 횡단하였다.
④ 보도에서 좌측으로 통행하였다.

해설 ①, ② 횡단보도가 설치되어 있지 않은 도로에서는 가장 짧은 거리로 횡단하여야 한다. ③ 보행자는 모든 차의 앞이나 뒤로 횡단하여서는 안 된다. ④ 보행자는 보도에서는 우측통행을 원칙으로 한다.

149 ✦✦✦

도로교통법령상 원동기장치자전거(개인형 이동장치 제외) 운전자가 오후 5시경 노인 보호구역에서 신호위반한 경우 범칙금과 벌점으로 맞는 것은?

① 10만원, 40점　② 8만원, 30점
③ 6만원, 15점　④ 4만원, 10점

해설 노인 보호구역 안에서 오전 8시부터 오후 8시까지 사이에 신호위반을 한 원동기장치자전거 운전자에 대해서는 벌점의 2배에 해당하는 벌점을 부과하고 범칙금도 가중된다.

150 ✦✦

다음 중 도로교통법상 보호구역이 아닌 것은?

① 어린이 보호구역
② 노인 보호구역
③ 장애인 보호구역
④ 청소년 보호구역

해설 도로교통법령상 보호구역은 어린이・노인・장애인 보호구역이다.

151 ✦✦✦

원동기장치자전거 운전자가 노인 보호구역 내 운전 중 안전운전 불이행으로 노인에게 2주 진단 상해를 입힌 경우 어떻게 되는가?

① 종합보험에 가입되어 있으면 처벌되지 않는다.
② 항상 형사 처벌된다.
③ 노인과 형사 합의해야만 처벌되지 않는다.
④ 운전자보험에만 가입되어 있으면 처벌되지 않는다.

해설 노인 보호구역 내 노인에게 상해를 입히는 교통사고의 경우 어린이 보호구역과는 달리 일반 교통사고로 처리된다.

152 ✦✦

배달용 이륜자동차가 오후 3시경 제한속도 매시 30킬로미터인 노인 보호구역에서 매시 51킬로미터로 주행한 경우 고용주 등에 대한 과태료 부과기준으로 맞는 것은?

① 11만원　② 9만원
③ 7만원　④ 5만원

해설 어린이 보호구역 및 노인・장애인 보호구역에서의 과태료 부과기준으로 제한 속도를 준수하지 않은 차의 고용주 등에 대하여 20km/h 초과 40km/h 이하의 경우 이륜자동차 등은 7만원의 과태료를 부과한다.

153 ✦✦✦

원동기장치자전거 운전자가 보행자 신호등이 없는 횡단보도로 횡단하는 노인을 뒤늦게 발견하여 급제동을 하였으나 노인에게 2주 진단 상해를 입혔다. 올바른 설명은?

① 보행자 신호등이 없으므로 운전자는 과실이 전혀 없다.
② 운전자에게 민사 및 형사 책임이 있다.
③ 횡단한 노인만 형사 처벌된다.
④ 종합보험에 가입되어 있으면 운전자에게 형사 책임이 없다.

해설 횡단보도에서의 보행자 보호의무를 위반하여 운전한 경우 운전자에게 민사 및 형사 책임이 있다.

154 ✦✦✦

신호기의 신호가 있고 차량보조신호가 없는 교차로에서 우회전하려고 한다. 도로교통법상 잘못된 것은?

① 차량신호가 적색등화인 경우, 신호에 따라 진행하는 다른 차마의 교통을 방해하지 아니하고 우회전할 수 있다.
② 차량신호가 녹색등화인 경우, 정지선 직전에 일시정지하지 않고 우회전한다.
③ 차량신호가 황색등화인 경우, 우회전하는 경우에는 보행자의 횡단을 방해하지 못한다.
④ 차량신호에 관계없이 다른 차량의 교통을 방해하지 않은 때 일시정지하지 않고 우회전한다.

해설 ① 차량신호가 적색등화인 경우, 신호에 따라 진행하는 다른 차마의 교통을 방해하지 아니하고 우회전할 수 있다. ② 차량신호가 녹색 등화인 경우 직진 또는 우회전할 수 있다. ③ 차량신호가 황색등화인 경우, 우회전할 수 있고 우회전하는 경우에는 보행자의 횡단을 방해하지 못한다.

155 ✦✦✦

신호등이 없는 교차로에서 우회전하려 할 때 옳은 것은?

① 가급적 빠른 속도로 신속하게 우회전한다.
② 교차로에 선진입한 차량이 통과한 뒤 우회전한다.
③ 반대편에서 앞서 좌회전하고 있는 차량이 있으면 안전에 유의하며 함께 우회전한다.
④ 폭이 넓은 도로에서 좁은 도로로 우회전할 때는 다른 차량에 주의할 필요가 없다.

해설 교차로에서 우회전할 때에는 서행으로 우회전해야 하고, 선진입한 좌회전 차량에 진로를 양보해야 한다. 그리고 폭이 넓은 도로에서 좁은 도로로 우회전할 때에도 다른 차량에 주의해야 한다.

156 ✦✦✦

교차로에서 우회전할 때 가장 안전한 운전 행동은?

① 방향 지시등은 교차로에 근접하여 작동한다.
② 백색 실선이 그려져 있으면 주의하며 우측으로 진로 변경한다.
③ 진행 방향의 좌측에서 진행해 오는 차량에 방해가 없도록 우회전한다.
④ 다른 교통에 주의하며 신속하게 우회전한다.

해설 방향 지시등은 우회전하는 지점의 30미터 이상 후방에서 작동해야 하고, 교차로에 접근하여 백색 실선이 그려져 있으면 그 구간에서는 진로 변경해서는 안 되고, 다른 교통에 주의하며 서행으로 회전해야 한다. 그리고 우회전할 때 신호등 없는 교차로에서는 통행 우선권이 있는 차량에게 진로를 양보해야 한다.

157 ✦✦✦

교차로에서 좌·우회전하는 방법을 가장 바르게 설명한 것은?

① 우회전을 하고자 하는 때에는 신호에 따라 정지 또는 진행하는 보행자와 자전거에 주의하면서 신속히 통과한다.
② 좌회전을 하고자 하는 때에는 항상 교차로 중심 바깥쪽으로 통과해야 한다.
③ 우회전을 하고자 하는 때에는 미리 우측 가장자리를 따라 서행하여야 한다.
④ 신호기 없는 교차로에서 좌회전을 하고자 할 경우 보행자가 횡단 중이면 그 앞을 신속히 통과한다.

해설 모든 차의 운전자는 교차로에서 우회전을 하고자 하는 때에는 미리 도로의 우측 가장자리를 서행하면서 우회전하여야 한다. 이 경우 우회전하는 차의 운전자는 신호에 따라 정지 또는 진행하는 보행자 또는 자전거에 주의하여야 한다.

158 ✦✦✦

교통정리가 없는 교차로에서 좌회전하는 방법 중 가장 옳은 것은?

① 일반도로에서는 좌회전하려는 교차로 직전에서 방향지시등을 켜고 좌회전한다.
② 미리 도로의 중앙선을 따라 서행하면서 교차로의 중심 바깥쪽으로 좌회전한다.
③ 시·도경찰청장이 지정하더라도 교차로의 중심 바깥쪽을 이용하여 좌회전할 수 없다.
④ 반드시 서행하여야 하고, 일시정지는 상황에 따라 운전자가 판단하여 실시한다.

해설 일반도로에서 좌회전하려는 때에는 좌회전하려는 지점에서부터 30미터 이상의 지점에서 방향지시등을 켜야 하고, 도로 중앙선을 따라 서행하며 교차로의 중심 안쪽으로 좌회전해야 하며, 시·도경찰청장이 지정한 곳에서는 교차로의 중심 바깥쪽으로 좌회전할 수 있다. 그리고 좌회전할 때에는 항상 서행할 의무가 있으나 일시정지는 상황에 따라 할 수도 있고 안 할 수도 있다.

159 ✦✦✦

교통정리를 하고 있지 아니하는 교차로를 좌회전하기 위해 진입하려고 할 때 가장 안전한 운전 방법은?

① 선진입한 다른 차량이 있어도 서행하며 조심스럽게 좌회전한다.
② 폭이 넓은 도로의 차에 진로를 양보한다.
③ 직진 차에는 진로를 양보하나 우회전 차에게는 양보하지 않아도 된다.
④ 미리 도로의 중앙선을 따라 서행하다 교차로 중심 바깥쪽을 이용하여 좌회전한다.

해설 선진입한 차량에 진로를 양보해야 하고, 좌회전 차량은 직진 및 우회전 차량에게 양보해야 하며, 교차로 중심 안쪽을 이용하여 좌회전해야 한다.

160 ✦✦

다음 중 회전교차로 통행방법에 대한 설명으로 잘못된 것은?

① 진입할 때는 속도를 줄여 서행한다.
② 양보선에 대기하여 일시정지한 후 서행으로 진입한다.
③ 진입차량에 우선권이 있어 회전 중인 차량이 양보한다.
④ 반시계방향으로 회전한다.

해설 회전교차로 내에서는 회전 중인 차량에 우선권이 있기 때문에 진입차량이 회전차량에게 양보해야 한다.

161 ✦✦✦

교차로 통행 방법으로 맞는 것은?

① 신호등이 적색 점멸인 경우 서행한다.
② 신호등이 황색 점멸인 경우 빠르게 통행한다.
③ 교차로에서는 앞지르기를 하지 않는다.
④ 교차로 접근 시 전조등을 항상 상향으로 켜고 진행한다.

해설 교차로에서는 황색 점멸인 경우 서행, 적색 점멸인 경우 일시정지한다. 교차로 접근 시 전조등을 상향으로 켜는 것은 상대방의 안전운전에 위협이 된다.

162 ✦✦✦

다음은 교차로 통행방법을 설명한 것이다. 맞는 것은?

① 교차로 진입 시에는 앞차와의 거리를 좁혀 진행한다.
② 교차로에 진입할 때는 경음기를 울리며 천천히 진행한다.
③ 녹색 신호일지라도 교차로 내에 정체가 있으면 정지선 직전에 정지한다.
④ 신호등과 경찰공무원의 신호가 다를 경우 신호등의 신호에 따른다.

해설 신호기에 의하여 교통정리가 있는 교차로에 들어가려는 경우 교차로에 정지하게 되어 다른 차의 통행에 방해가 될 우려가 있는 경우에는 그 교차로에 진입해서는 안 된다.

163 ✦✦✦

교통정리가 없는 교차로 통행 방법으로 알맞은 것은?

① 좌우를 확인할 수 없는 경우에는 서행하여야 한다.
② 좌회전하려는 차는 직진차량보다 우선 통행해야 한다.
③ 우회전하려는 차는 직진차량보다 우선 통행해야 한다.
④ 통행하고 있는 도로의 폭보다 교차하는 도로의 폭이 넓은 경우 서행하여야 한다.

해설 좌우를 확인할 수 없는 경우에는 일시정지하여야 하며, 해당 차가 통행하고 있는 도로의 폭보다 교차하는 도로의 폭이 넓은 경우에는 서행하여야 한다.

164 ✦✦✦

교차로에서 좌회전 시 가장 적절한 통행 방법은?

① 중앙선을 따라 서행하면서 교차로 중심 안쪽으로 좌회전한다.
② 중앙선을 따라 빠르게 진행하면서 교차로 중심 안쪽으로 좌회전한다.
③ 중앙선을 따라 빠르게 진행하면서 교차로 중심 바깥쪽으로 좌회전한다.
④ 중앙선을 따라 서행하면서 운전자가 편리한 대로 좌회전한다.

해설 모든 차의 운전자는 교차로에서 좌회전을 하고자 하는 때에는 미리 도로의 중앙선을 따라 서행하면서 교차로의 중심 안쪽을 이용하여 좌회전하여야 한다.

165 ✦✦

교차로에서 신호대기 중이다. 내차 앞에 자전거가 있다면 녹색등화로 바뀐 경우 안전한 운전방법은?

① 자전거보다 먼저 출발한다.
② 자전거에게 충분한 시간과 공간을 준다.
③ 자전거와 거리를 좁혀 진행한다.
④ 경음기를 사용하며 주의를 주면서 먼저 빠져나간다.

해설 자전거 뒤에서 신호대기 중인 교차로에서 신호가 바뀐 경우 안전운전방법은 자전거가 출발할 수 있도록 시간과 공간을 허용하는 것이 가장 바람직한 운전방법이다.

166 ✦✦✦

이륜자동차 운전자가 교차로에서 적색신호 시 정지선을 침범하여 정지하였다. 다음 중 단속 가능한 법규는?

① 회전위반
② 차로위반
③ 교차로통행방법위반
④ 신호위반

해설 도로를 통행하는 보행자와 차마의 운전자는 교통안전시설이 표시하는 신호 또는 지시를 따라야 한다.

167 ✦✦✦

이륜자동차 운전자가 교차로에서 좌회전하려고 할 때 가장 옳은 것은?

① 횡단보도에서 이륜자동차를 타고 횡단한다.
② 미리 도로의 우측 가장자리로 붙어 서행하면서 교차로의 가장자리 부분을 이용하여 좌회전한다.
③ 미리 도로의 중앙선을 따라 서행하면서 교차로의 중심 안쪽을 이용하여 좌회전한다.
④ 차로에 상관없이 좌회전할 수 있다.

해설 모든 차의 운전자는 교차로에서 좌회전을 하려는 경우에는 미리 도로의 중앙선을 따라 서행하면서 교차로의 중심 안쪽을 이용하여 좌회전하여야 한다. 다만, 시·도경찰청장이 교차로의 상황에 따라 특히 필요하다고 인정하여 지정한 곳에서는 교차로의 중심 바깥쪽을 통과할 수 있다.

168 ✦✦✦

도로교통법령상 교차로에서 통행하여야 할 방향을 유도하는 선을 표시하는 것을 무엇이라고 하는가?

① 중앙선　② 유도선
③ 규제선　④ 지시선

해설 교차로에서 통행하여야 할 방향을 유도하는 선을 표시하는 것을 유도선이라고 한다.

169 ✦✦✦

도로교통법상 교차로에서의 금지행위가 아닌 것은?

① 앞지르기　② 주차
③ 정차　④ 서행

해설 교차로에서는 주차와 정차가 금지되며, 앞지르기가 금지된다.

170 ✦✦✦

다음 중 원동기장치자전거 운전자의 회전교차로 통행으로 가장 안전한 운전방법은?

① 교차로 진입 전 일시정지 후 교차로 내 왼쪽에서 다가오는 차량이 없으면 진입한다.
② 회전교차로에서의 회전은 시계방향으로 회전해야 한다.
③ 회전교차로에서 교통섬을 가로질러 진행해야 한다.
④ 회전교차로 내에 진입한 후에는 자주 끼어들기 한다.

해설 회전교차로에서의 회전은 반시계방향으로 회전해야 한다. 교통섬 – 보행자를 보호하거나 또는 차량의 동선을 명확하게 제시하기 위해서 차선 사이에 설정한 구역

171 ✦✦✦

이륜자동차 운전자가 자전거전용도로가 있는 교차로에서 화물자동차를 따라 우회전하려고 한다. 가장 안전한 운전방법은?

① 일시정지하고 안전을 확인한 후 서행하면서 우회전한다.
② 화물자동차 뒤에 최대한 붙어서 따라간다.
③ 공간이 충분하므로 화물자동차 우측 옆에 붙어서 나란히 우회전한다.
④ 자전거전용도로로 차로를 변경하여 우회전한다.

해설 자전거전용도로가 있는 교차로에서 우회전할 때에는 일시정지하여 안전을 확인한 후 서행하면서 우회전하여야 한다. 이륜자동차 운전자는 측면과 뒤쪽의 안전을 반드시 확인하고 사각에 주의하여야 한다. 신호에 따라 직진하는 이륜자동차 운전자는 측면 교통을 방해하지 않는 한 녹색 또는 적색에서 우회전할 수 있으나 내륜차(內輪差)와 사각에 주의하여야 한다.

172 ✦✦

다음 중 도로교통법상 전용차로의 종류가 아닌 것은?

① 버스 전용차로
② 다인승 전용차로
③ 이륜자동차 전용차로
④ 자전거 전용차로

해설 도로교통법령상 버스 전용차로, 다인승 전용차로, 자전거 전용차로가 있다.

173 ✦

이륜자동차 운전자가 자전거전용차로로 주행할 경우 도로교통법상 처벌은 어떻게 되는가?(이륜자동차 통행금지표지 없음)

① 4만원의 범칙금으로 통고처분된다.
② 3만원의 범칙금으로 통고처분된다.
③ 2만원의 과태료가 부과된다.
④ 처벌되지 않는다.

해설 이륜자동차 운전자가 자전거전용차로로 주행하는 경우 일반도로 전용차로 통행 위반으로 3만원의 범칙금으로 통고처분된다.

174 ✦✦✦

녹색신호일 때 정체된 교차로에 무리하게 진입하였다가 교차로 안에 정지되어 다른 차의 통행에 방해가 되었다. 무슨 위반에 해당되는가?

① 끼어들기
② 교차로 통행방법 위반
③ 진로변경 방법 위반
④ 신호위반

해설 모든 차 또는 노면전차의 운전자는 신호기로 교통정리를 하고 있는 교차로에 들어가려는 경우에는 진행하려는 진로의 앞쪽에 있는 차 또는 노면전차의 상황에 따라 교차로(정지선이 설치되어 있는 경우에는 그 정지선을 넘은 부분을 말한다)에 정지하게 되어 다른 차 또는 노면전차의 통행에 방해가 될 우려가 있는 경우에는 그 교차로에 들어가서는 아니 된다.

175 ✦✦✦

교차로에 진입하기 전에 신호가 황색으로 바뀌었다. 가장 안전한 운전 방법은?

① 속도를 높여 신속하게 지나간다.
② 정지선 직전에 정지한다.
③ 차량이 없는 차로로 차로 변경 후 진행한다.
④ 다른 방향에 차량이 출발할 수 있으므로 경음기를 계속 울리며 진행한다.

해설 교차로 또는 횡단보도 진입 전에 황색신호로 바뀌면 정지선 직전에 정지한다.

176 ✦✦✦

교차로에 진입한 후에 신호가 황색으로 바뀌었다. 가장 안전한 운전 방법은?

① 앞에 정차한 차량이 있으면 왼쪽 차로로 차로 변경 후 진행한다.
② 교차로 안에 바로 정지한다.
③ 신속히 교차로를 통과한다.
④ 주행하는 데 방해가 되는 전방의 자전거가 비켜나도록 경음기를 울린다.

해설 교차로에 차마의 일부라도 진입한 경우에는 신속히 교차로 밖으로 진행하여야 한다.

177 ✦✦✦

적색 점멸 신호등이 작동되는 교차로의 통행방법으로 맞는 것은?

① 서행하며 진행한다.
② 교차로 직전에 일시정지한 후 안전 확인 후 진행한다.
③ 그대로 진행한다.
④ 경음기를 울리며 빠른 속도로 진행한다.

해설 적색 등화의 점멸의 뜻은 차마는 정지선이나 횡단보도가 있을 때에는 그 직진이나 교차로의 직전에 일시정지한 후 다른 교통에 주의하면서 진행할 수 있다.

178 ✦✦✦

다음 중 신호에 대한 설명이다. 가장 알맞은 것은?

① 황색 등화의 점멸 – 차마는 정지선 직전에서 정지하여야 하며 진행할 수 없다.
② 적색의 등화 – 보행자는 횡단보도를 주의하면서 횡단할 수 있다.
③ 녹색 화살 표시의 등화 – 차마는 화살표 방향으로 진행할 수 있다.
④ 황색의 등화 – 차마가 이미 교차로에 진입하고 있는 경우에는 교차로 내에 정지해야 한다.

해설 **황색의 등화** : 차마는 정지선이 있거나 횡단보도가 있을 때에는 그 직전이나 교차로의 직전에 정지하여야 하며, 이미 교차로에 진입하고 있는 경우에는 신속히 교차로 밖으로 진행하여야 한다. 차마는 우회전을 할 수 있고, 우회전하는 경우에는 보행자의 횡단을 방해하지 못한다.

적색의 등화 : 차마는 정지선, 횡단보도 및 교차로의 직전에서 정지하여야 한다. 다만, 신호에 따라 진행하는 다른 차마의 교통을 방해하지 아니하고 우회전할 수 있다.

녹색 화살 표시의 등화 : 차마는 화살표 방향으로 진행할 수 있다.

황색 등화의 점멸 : 차마는 다른 교통 또는 안전표지의 표시에 주의하면서 진행할 수 있다.

179 ✦✦✦

신호기가 설치되어 있는 교차로 진입 시 가장 안전한 운전 방법은?

① 속도를 높이며 빠르게 진입한다.
② 앞차와의 거리를 유지하며 진입한다.
③ 앞차와의 거리를 좁히며 진입한다.
④ 뒤따라오는 차량에 주의하며 진입한다.

해설 속도를 줄이며 적절한 속도로 진입하고 앞차와의 거리를 유지하며 진입하는 것이 안전하다.

180 ✦✦

도로교통법상 신호 또는 지시에 따를 의무가 없는 사람은?

① 신호등 있는 횡단보도를 건너는 보행자
② 도로에서 운행 중인 경운기 운전자
③ 비포장 도로에서 우마차를 몰고 가는 농부
④ 도로에서 운행 중인 승용차 운전석 옆 동승자

해설 신호 또는 지시에 따를 의무자는 도로를 통행하는 보행자 및 차마의 운전자이다.

181 +++

도로교통법상 정차가 가능한 곳은?

① 안전지대로부터 7미터
② 버스정류장으로부터 7미터
③ 도로모퉁이로부터 7미터
④ 횡단보도로부터 7미터

해설 **(정차 및 주차의 금지)** ① 안전지대로부터 10미터 이내 ② 버스정류장으로부터 10미터 이내 ③ 도로모퉁이로부터 5미터 이내 ④ 횡단보도로부터 10미터 이내

182 +++

다음 중 자전거 통행방법에 대한 설명이다. 틀린 것은?

① 자전거도 차에 해당한다.
② 원칙적으로 자전거를 타고 보도로 가면 안 된다.
③ 부득이 횡단보도를 지나가는 경우 끌고 지나가야 한다.
④ 자전거는 교차로에서 신호를 위반해도 된다.

해설 도로를 통행하는 보행자와 차마의 운전자는 교통안전시설이 표시하는 신호 또는 지시를 따라야 한다. 따라서 자전거도 교차로에서 신호를 준수해야 한다.

183 +++

앞차의 제동등이 켜졌을 때 취해야 할 조치로 가장 올바른 것은?

① 경음기를 울린다.
② 감속한다.
③ 진로 변경한다.
④ 앞지르기를 한다.

해설 앞차의 제동등이 켜지면 감속해야 한다.

184 +++

다음 중 도로교통법상 반드시 서행하여야 하는 장소로 맞는 것은?

① 교통정리가 행하여지고 있는 교차로
② 도로가 구부러진 부근
③ 비탈길의 오르막
④ 교통이 빈번한 터널 내

해설 서행해야 할 장소로는 도로가 구부러진 부근, 교통정리를 하고 있지 아니하는 교차로, 비탈길의 고갯마루 부근, 가파른 비탈길의 내리막 등이며 이곳에서는 서행을 하는 것이 안전하다.

185 +++

차의 운전자가 보도를 횡단하여 건물 등에 진입하려고 한다. 다음 중 가장 안전한 운전 방법은?

① 보도를 통행하는 보행자가 없으면 신속하게 진입한다.
② 방향지시등을 켜고 곧 바로 진입한다.
③ 일시정지하여 좌측과 우측 부분 등을 살핀 후 보행자의 통행을 방해하지 아니하도록 횡단하여야 한다.
④ 경음기를 울려 내차의 통과여부를 알리면서 신속하게 진입한다.

해설 **(차마의 통행)** 차마의 운전자는 보도를 횡단하기 직전에 일시정지하여 좌측과 우측 부분 등을 살핀 후 보행자의 통행을 방해하지 아니하도록 횡단하여야 한다.

186 ✦✦✦

이륜자동차가 철길 건널목 안으로 들어갈 수 있는 경우는?

① 건널목의 차단기가 내려져 있는 경우
② 건널목의 차단기가 내려가려고 하는 경우
③ 건널목의 경보기가 울리고 있는 경우
④ 신호기 등이 표시하는 신호에 따르는 경우

해설 건널목의 차단기가 내려져 있거나 내려지려고 하는 경우 또는 건널목의 경보기가 울리고 있는 동안에는 그 건널목으로 들어가서는 아니 된다.

187 ✦✦✦

이륜자동차 운전자는 긴급자동차가 접근하는 경우 (　)하여야 한다. 다음 중 (　)안에 알맞은 것은?

① 서행
② 진로를 양보
③ 빠르게 주행
④ 도로 중앙에 즉시 정지

해설 교차로나 그 부근에서 긴급자동차가 접근하는 경우에는 차마와 노면전차의 운전자는 교차로를 피하여 일시정지하여야 한다. 모든 차와 노면전차의 운전자는 교차로나 그 부근 외의 곳에서 긴급자동차가 접근한 경우에는 긴급자동차가 우선통행할 수 있도록 진로를 양보하여야 한다.

188 ✦✦✦

도로 가장자리에서 정지하였다가 출발할 때 가장 안전한 운전 방법은?

① 방향 지시기를 조작하지 아니하고 도로 중앙으로 진입
② 방향 지시기를 조작한 후 진로 변경이 끝나기 전에 신호를 중지
③ 방향 지시기를 조작한 후 천천히 진입
④ 방향 지시기를 조작한 후 바로 진입

해설 도로 가장자리에서 정차 후 출발할 때는 방향 지시기를 켠 후 천천히 진입해야 안전하다.

189 ✦✦✦

다음은 안전표지 중 노면표시에 대한 설명이다. 가장 알맞은 것은?

① 백색 점선은 진로 변경이 가능한 차선이다.
② 백색 실선은 안전할 때 주의하면서 차로 변경을 할 수 있음을 뜻하는 차선이다.
③ 황색 점선(중앙선)은 앞지르기는 할 수 없으나 진로 변경은 할 수 있다는 뜻의 차선이다.
④ 황색 실선(중앙선)은 진로 변경 제한선이다.

해설 황색 실선은 차가 넘어갈 수 없음을 나타내는 중앙선 표시이며, 백색 실선은 진로 변경 제한선이다.

190 ✦✦✦

다음은 진로 변경 시 신호에 대한 설명이다. 가장 알맞은 것은?

① 신호를 하지 않고 진로를 변경해도 다른 교통에 방해되지 않았다면 교통 법규 위반으로 볼 수 없다.
② 진로 변경이 끝난 후 상당 기간 신호를 계속하여 다른 교통에 의사를 알려야 한다.
③ 진로 변경 시에만 신호를 하면 되고, 진로 변경 중일 때에는 신호를 중지해야 한다.
④ 진로 변경이 끝날 때까지 신호를 하며, 진로 변경이 끝난 후에는 바로 신호를 중지해야 한다.

해설 신호를 하지 않거나 금지 장소에서의 진로 변경은 방법 및 장소 위반이며, 진로 변경이 끝날 때까지 신호를 하고 끝난 후에는 바로 신호를 중지해야 한다.

191 ✦✦✦

다음 설명 중 맞는 것은?

① 백색 점선의 차선은 끼어들기 금지선이다.
② 백색 실선의 차선은 차로 변경이 가능한 구간에 표시(설치)한다.
③ 백색 실선의 차선은 버스전용차로의 표시이다.
④ 백색 실선의 차선은 진로변경제한선이다.

해설 버스전용차로는 청색 실선 및 점선으로 표시하며 백색 점선의 차선은 진로 변경이 가능한 차선 표시이다.

192 ✦✦✦

다음 중 차도와 보도가 구분된 도로에서의 정차 방법으로 맞는 것은?

① 차도의 우측 가장자리에 정차하여야 한다.
② 보도에 정차하여야 한다.
③ 차도의 좌측 가장자리에 정차하여야 한다.
④ 차도 위 편리한 곳에 정차하여야 한다.

해설 차도와 보도가 구분된 도로에서 정차하고자 하는 때에는 차도의 우측 가장자리에 정차하여야 한다.

193 ✦✦✦

다음은 도로의 가장자리에 설치한 황색 점선에 대한 설명이다. 가장 알맞은 것은?

① 주차와 정차를 동시에 할 수 있다.
② 주차는 금지되고 정차는 할 수 있다.
③ 주차는 할 수 있으나 정차는 할 수 없다.
④ 주차와 정차를 동시에 금지한다.

해설 황색 점선으로 설치한 가장자리 구역선의 의미는 주차는 금지되고 정차는 할 수 있다는 의미이다.

194 ✦✦✦

다음 중 이륜자동차가 도로에서 유턴할 수 있는 곳은?

① 중앙선이 황색 실선으로 설치된 도로
② 중앙선이 백색 실선으로 설치된 도로
③ 중앙선이 백색 점선으로 설치된 도로
④ 중앙선이 청색 실선으로 설치된 도로

해설 중앙선이 백색점선으로 설치된 도로에서는 이륜자동차도 유턴이 허용되는 구간이다.

195 ✦✦✦

철길 건널목 통과 방법으로 맞는 것은?

① 철길 건널목 앞에서 일시정지하여 안전 여부를 확인 후 통과하여야 한다.
② 기차가 통과하지 않으면 신속히 통과한다.
③ 건널목 차단기가 내려지려 할 때는 빨리 통과한다.
④ 신호기 등이 표시하는 신호에 따르는 경우에도 일단 정지해야 한다.

해설 철길 건널목을 통과하고자 하는 때에는 건널목 앞에서 일시정지하여 안전한지 여부를 확인한 후 통과하여야 한다. 다만, 신호기 등이 표시하는 신호에 따르는 경우에는 정지하지 아니하고 통과할 수 있다. 건널목의 차단기가 내려져 있거나 내려지려고 하는 경우 또는 건널목의 경보기가 울리고 있는 동안에는 그 건널목으로 들어가서는 아니 된다.

196 ✦✦✦

다음은 교통신호에 따르는 운전행동에 대한 설명이다. 가장 알맞은 것은?

① 운전자는 신호기의 신호에 따라 주행한다.
② 운전자는 반대방향의 신호에 따라 주행한다.
③ 이륜자동차는 가변차로의 가변신호를 따를 필요가 없다.
④ 앞차만 따라 주행하는 것이 안전운전이다.

해설 운전자는 신호기의 신호에 따라 주행해야 하며 앞차만 따라 주행하는 것은 불법운전이고 매우 위험한 운전이다.

197 ✦✦✦

교차로 진입 전 신호기의 신호가 황색인 경우 가장 알맞은 운전 방법은?

① 서행하면서 좌회전한다.
② 서행하면서 유턴한다.
③ 속도를 높여 신속히 정지선을 통과한다.
④ 정지선 직전에 정지한다.

해설 운전자는 신호기의 신호에 따라 주행해야 하며 황색신호인 경우 정지선 직전에 정지한다. 속도를 높여 주행하는 것은 불법운전이고 매우 위험한 운전이다.

198 ✦✦✦

교차로에서 좌회전하는 차량 운전자의 가장 안전한 운전 방법은?

① 반대 방향에서 직진하는 차량은 주의할 필요가 없다.
② 반대 방향에서 우회전하는 차량만 주의하면 된다.
③ 같은 방향에서 우회전하는 차량을 주의해야 한다.
④ 함께 좌회전하는 측면 차량도 주의해야 한다.

해설 교차로에서 좌회전하는 차량은 반대 방향의 직진 차량과 우회전 차량 및 같은 방향으로 함께 좌회전하는 측면 차량도 주의하며 좌회전해야 한다.

199 ✦✦✦

도로에 설치된 중앙선에 대한 설명으로 적절하지 못한 것은?

① 차마의 통행방법을 명확하게 구분하기 위해 설치한다.
② 황색 실선이나 황색 점선 등의 안전표지로 표시할 수 있다.
③ 중앙분리대나 울타리 등으로 설치할 수 있다.
④ 가변차로가 설치된 도로에는 설치할 수 없다.

해설 차마의 통행방법을 명확하게 구분하기 위해 설치한다. 황색 실선이나 황색 점선 등의 안전표지로 표시할 수 있다. 중앙분리대나 울타리 등으로 설치할 수 있다. 가변차로가 설치된 도로에는 설치할 수 있는데 가변차로가 설치된 경우에는 신호기가 지시하는 진행방향의 가장 왼쪽에 있는 황색 점선을 말한다.

200 ✦✦

도로교통법령상 안전지대에 대한 설명으로 틀린 것은?

① 도로를 횡단하는 보행자나 통행하는 차마의 안전을 위하여 안전표지로 표시한 도로의 부분을 말한다.
② 안전지대의 색은 노란색이나 흰색이다.
③ 도로상에 장애물이 있는 지점에 설치한다.
④ 보행자가 도로를 횡단할 수 있도록 안전표지로 표시한 도로의 부분을 말한다.

해설 안전지대의 색은 황색이다. 도로상에 장애물이 있는 지점에 설치하는 것은 노상장애물 표시이다. 보행자가 도로를 횡단할 수 있도록 안전표지로 표시한 도로의 부분은 횡단보도이다.

201 ✦✦✦

이륜자동차 운전자가 가변차로 주행 중 자신의 차로에 적색 X표 표시 등화의 점멸신호를 보았다. 가장 안전한 운전방법은?

① 서행하면서 그대로 진행한다.
② 일시 정지한 후 다른 교통에 주의하면서 진행한다.
③ 신속히 그 차로 밖으로 진로를 변경한다.
④ 일시적으로 다른 차로로 진로 변경 후 그 차로로 다시 돌아온다.

해설 적색 X표 표시 등화의 점멸의 뜻은 차마는 X표가 있는 차로로 진입할 수 없고, 이미 차마의 일부라도 진입한 경우에는 신속히 그 차로 밖으로 진로를 변경하여야 한다.

202 ✦✦

다음 중 도로교통법령상 신호등의 종류가 아닌 것은?

① 이륜자동차 신호등 ② 차량 신호등
③ 자전거 신호등 ④ 버스 신호등

해설 현행 도로교통법령상 차량 신호등, 보행 신호등, 자전거 신호등, 버스 신호등이 있다.

203 ✦✦

영상기록매체에 의하여 입증될 경우 고용주 등에게 과태료를 부과할 수 있는 것으로 틀린 것은?

① 보행자 보호 불이행
② 교차로 통행방법 위반
③ 버스 전용차로 위반
④ 운전 중 영상표시장치 조작

해설 차가 신호위반, 통행구분 위반, 중앙선 침범, 지정차로 위반, 전용차로 위반, 제한속도 위반, 끼어들기, 교차로 통행방법 위반, 보행자보호 불이행, 긴급자동차 우선 통행 위반, 주·정차 위반, 적재물 추락방지조치 위반한 사실이 사진, 비디오테이프나 그 밖의 영상기록매체에 의하여 입증된 경우 고용주 등에게 과태료를 부과할 수 있다.

204 ✦✦

수막현상의 원인과 예방 대책에 관한 설명으로 가장 적절한 것은?

① 수막현상이 발생하더라도 핸들 조작의 결과는 평소와 별 차이를 보이지 않는다.
② 새 타이어일수록 수막현상이 발생할 가능성이 높다.
③ 타이어와 노면 사이의 접촉면이 좁을수록 수막현상의 가능성이 높아진다.
④ 수막현상을 예방하기 위해서 가장 중요한 것은 빗길에서 평소보다 감속하는 것이다.

해설 수막현상이 발생하면 핸들 조작이 어렵고 새 타이어일수록 수막현상이 발생할 가능성이 낮다. 또한, 타이어와 노면 사이의 접촉면이 좁을수록 수막현상의 가능성이 낮다.

205 ✦✦✦

다음 중 이륜자동차 안전운전에 대한 설명으로 가장 옳은 것은?

① 차량 정체로 길이 막히면 보도를 이용하여 주행한다.
② 과속방지턱을 통과할 때에는 속도를 유지하며 과속방지턱이 없는 길가장자리구역으로 주행한다.
③ 비가 올 때는 감속하여 운행한다.
④ 굽은 도로에서는 고속으로 주행한다.

해설 이륜자동차는 차도를 이용해야 하며, 과속 방지턱은 속도를 줄여 안전하게 통과한다. 비가 오면 감속하고 굽은 도로에서는 속도를 줄여 안전하게 통과한다.

206 ✦✦✦

지진이 발생할 경우 안전한 대처 요령은?

① 지진이 발생하면 신속하게 주행하여 지진지역을 벗어난다.
② 차간거리를 충분히 확보한 후 도로의 우측에 정차한다.
③ 차를 두고 대피할 필요가 있을 때는 차의 시동을 켜 둔다.
④ 지진 발생과 관계없이 계속 주행한다.

해설 지진이 발생할 경우 차를 운전하는 것이 불가능하다. 충분히 주의를 하면서 교차로를 피해서 도로 우측에 정차시키고, 라디오의 정보를 잘 듣고 부근에 경찰관이 있으면 지시에 따라서 행동한다. 차를 두고 대피할 경우 차의 시동은 끄고 열쇠를 꽂은 채 대피한다.

207 ✦✦✦

해당 도로에 규정된 최고 속도의 100분의 20을 줄인 속도로 운행하여야 하는 경우는?

① 폭우, 폭설 등으로 가시거리가 100미터 이내인 경우
② 비가 내려 노면이 젖어 있는 경우
③ 눈으로 노면이 얼어붙은 경우
④ 눈이 20밀리미터 이상 쌓인 경우

해설 비가 내려 노면이 젖어 있는 경우 눈이 20밀리미터 미만 쌓인 경우 100분의 20을 줄인 속도로 운행한다. 폭우, 폭설 등으로 가시거리가 100미터 이내인 경우, 눈으로 노면이 얼어붙은 경우, 눈이 20밀리미터 이상 쌓인 경우에는 100분의 50을 줄인 속도로 운행한다.

208 ✦✦✦

갑자기 전방 70미터 앞이 잘 보이지 않는 안개 지역을 통과할 때 가장 안전한 운전 방법은?

① 전조등을 켜고 신속하게 안개 지역을 통과한다.
② 전조등과 비상 점멸등을 켜고 서행한다.
③ 비상 점멸등만 켜고 가속운행한다.
④ 앞에서 주행하는 차의 바로 뒤를 따라 주행한다.

해설 안개 지역을 통과하는 방법으로 전조등과 비상 점멸등을 작동하여 다른 차에 자신이 진행하고 있다는 신호를 보내면서 서행하여야 한다.

209 ✦✦✦

다음 중 신호등이 없는 교통이 빈번한 교차로를 통행하는 방법으로 가장 올바른 것은?

① 경음기를 울리면서 신속히 통과한다.
② 비상 점멸등을 켜고 교차로 가장자리 쪽으로 통과한다.
③ 먼저 진입한 차가 우선이므로 먼저 진입하고 본다.
④ 교차로에 진입하기 전에 일시정지 후 주의하면서 통과한다.

해설 교통정리를 하고 있지 아니하고 일시정지 또는 양보를 표시하는 안전표지가 설치되어 있는 교차로에 들어가고자 하는 때에는 일시정지하거나 양보하여 다른 차의 진행을 방해하여서는 아니 된다.

210 ✦✦✦

이륜자동차가 황색실선의 중앙선이 설치된 편도 1차로 도로에서 경운기를 뒤따르는 경우 가장 안전한 운전 방법은?

① 경운기는 저속 주행하므로 신속히 우측 공간을 이용하여 그대로 진행한다.
② 이륜자동차는 경운기보다 빠르므로 중앙선을 넘어 신속히 진행한다.
③ 경음기를 울리면서 중앙선 쪽으로 주행한다.
④ 안전거리를 두고 경운기를 뒤따른다.

해설 황색실선은 중앙선이 설치되어 있으면 반대차로로 넘어갈 수 없으므로 경운기와 안전거리를 두고 뒤따른다.

211 ✦✦✦

모범운전자가 초보운전자에게 안전운전 방법을 설명하였다. 맞게 설명한 것은?

① 교통정리가 없는 교통이 빈번한 교차로를 통과할 때는 서행으로 통과하면 된다고 알려주었다.
② 교차로 진입 전 차량 황색 등화가 켜 있는 경우라면 통과하라고 알려주었다.
③ 백색 실선이 설치된 다리 위는 과속만 하지 않으면 된다고 알려주었다.
④ 경찰공무원의 지시에 따라 서행하고 있는 차를 앞지르기하면 안 된다고 알려주었다.

해설 **(앞지르기 금지의 시기 및 장소)**
① 모든 차의 운전자는 다음 각 호의 어느 하나에 해당하는 경우에는 앞차를 앞지르지 못한다.
1. 앞차의 좌측에 다른 차가 앞차와 나란히 가고 있는 경우
2. 앞차가 다른 차를 앞지르고 있거나 앞지르려고 하는 경우
② 모든 차의 운전자는 다음 각 호의 어느 하나에 해당하는 다른 차를 앞지르지 못한다.
1. 이 법이나 이 법에 따른 명령에 따라 정지하거나 서행하고 있는 차
2. 경찰공무원의 지시에 따라 정지하거나 서행하고 있는 차
3. 위험을 방지하기 위하여 정지하거나 서행하고 있는 차
③ 모든 차의 운전자는 다음 각 호의 어느 하나에 해당하는 곳에서는 다른 차를 앞지르지 못한다.
1. 교차로
2. 터널 안
3. 다리 위
4. 도로의 구부러진 곳, 비탈길의 고갯마루 부근 또는 가파른 비탈길의 내리막 등 시・도경찰청장이 도로에서의 위험을 방지하고 교통의 안전과 원활한 소통을 확보하기 위하여 필요하다고 인정하는 곳으로서 안전표지로 지정한 곳

212 ✦✦

비가 내려 노면이 젖어있는 편도 2차로 일반도로를 주행 중이다. 안전한 운전방법으로 가장 맞는 것은?(주거・상업・공업지역 제외)

① 노면에 습기가 있는 때에는 감속하여 매시 60킬로미터로 주행하였다.
② 제동거리가 길어지지는 않으므로 평소와 같이 매시 80킬로미터로 주행하였다.
③ 가랑비 정도는 안전운전에 지장이 없으므로 매시 90킬로미터로 주행하였다.
④ 비가 오는 노면은 공주거리가 길어지므로 매시 70킬로미터로 주행하였다

해설 **(자동차등과 노면전차의 속도)**
① 자동차등과 노면전차의 도로 통행 속도는 다음 각 호와 같다.
1. 일반도로(고속도로 및 자동차전용도로 외의 모든 도로를 말한다)
가. 「국토의 계획 및 이용에 관한 법률」 제36조 제1항 제1호 가목부터 다목까지의 규정에 따른 주거지역・상업지역 및 공업지역의 일반도로에서는 매시 50킬로미터 이내. 다만, 시・도경찰청장이 원활한 소통을 위하여 특히 필요하다고 인정하여 지정한 노선 또는 구간에서는 매시 60킬로미터 이내
나. 가목 외의 일반도로에서는 매시 60킬로미터 이내. 다만, 편도 2차로 이상의 도로에서는 매시 80킬로미터 이내
② 비・안개・눈 등으로 인한 악천후 시에는 제1항에 불구하고 다음 각 호의 기준에 의하여 감속운행하여야 한다.
1. 최고속도의 100분의 20을 줄인 속도로 운행하여야 하는 경우
가. 비가 내려 노면이 젖어있는 경우
나. 눈이 20밀리미터 미만 쌓인 경우

213 ✦✦✦

폭설이 내리고 있는 편도 2차로 도로를 주행하는 경우 올바른 운전방법은?

① 노면에 눈이 쌓여 차선이 보이지 않으면 도로 중앙으로 신속히 주행한다.
② 2차로 주행은 도로를 이탈할 우려가 있으므로 도로 중앙으로 주행한다.
③ 앞차가 서행하는 경우 추돌할 우려가 있으므로 앞지르기를 시도한다.
④ 앞차와의 안전거리를 유지하고 매시 40킬로미터 이내로 서행한다.

해설 편도 2차로의 일반도로는 매시 80킬로미터 이내의 속도로 주행하여야 하나 폭설이 내리는 경우 50%를 감속한 매시 40킬로미터 이내의 속도로 주행하여야 한다. 눈길은 정지거리가 길어지므로 앞차와 충분한 안전거리를 유지하여야 한다.

214 ✦✦✦

다음 중 도로교통법상 진로변경에 대한 설명으로 맞는 것은?

① 다리 위는 위험한 장소이기 때문에 백색실선으로 진로변경을 제한하는 경우가 많다.
② 진로변경을 제한하고자 하는 장소는 백색점선의 차선으로 표시되어 있다.
③ 진로변경 금지장소에서는 도로공사 등으로 장애물이 있어 통행이 불가능한 경우라도 진로변경을 해서는 안 된다.
④ 진로변경 금지장소이지만 안전하게 진로를 변경하면 법규위반이 아니다.

해설 도로의 파손 등으로 진행할 수 없을 경우에는 차로를 변경하여 주행하여야 하며, 차로변경 금지장소에서는 안전하게 차로를 변경하여도 법규 위반에 해당한다. 차로변경 금지선은 실선으로 표시한다.

215 ✦✦✦

긴 내리막길을 주행할 때에 엔진 브레이크를 사용하는 이유로 가장 알맞은 것은?

① 엔진에 무리가 오는 것을 방지하기 위하여
② 연료를 절약하기 위하여
③ 브레이크 장치의 페이드 현상의 발생을 방지하기 위하여
④ 차량의 수명이 단축되는 것을 방지하기 위하여

해설 긴 내리막길이나 뜨거운 노면 위에서 브레이크 페달을 자주 밟는 경우에는 패드와 브레이크라이닝이 가열되어 페이드(Fade)현상(자동차가 빠른 속도로 달릴 때 제동을 걸면 브레이크가 잘 작동하지 않는 현상)을 일으키기 쉽다. 그러므로 긴 내리막길을 내려갈 때에는 가능하면 엔진브레이크를 사용하고, 필요한 경우에만 풋-브레이크를 사용해야 한다.

216 ✦✦✦

비탈길의 고갯마루 부근을 통과할 때 가장 안전한 운전 방법은?

① 앞차를 따라서 빠르게 통과한다.
② 반대편 상황을 잘 볼 수 없기 때문에 주의하면서 서행으로 통과한다.
③ 반대편 도로는 상관이 없으므로 내 앞차로만 주의하며 통과한다.
④ 위험하므로 앞차와의 거리를 좁혀서 뒤따르며 통과한다.

해설 반대편 상황을 잘 볼 수 없기 때문에 주의하면서 서행으로 통과한다. 반대편 도로와도 상관이 있으므로 내 앞차로뿐만 아니라 주변상황에도 주의하며 통과한다. 고갯마루 부근은 고개 넘어 상황이 잘 안보여 위험하므로 앞차와의 거리를 넓혀서 안전거리를 충분히 두고 뒤따르며 통과한다.

217 ✦✦✦

급커브길을 주행 중일 때 가장 안전한 운전방법은?

① 급커브길 안에서 핸들을 신속히 꺾으면서 브레이크를 밟아 속도를 줄이고 통과한다.
② 급커브길 앞의 직선도로에서 속도를 충분히 줄인다.
③ 급커브길은 위험구간이므로 급가속하여 신속히 통과한다.
④ 급커브길에서 앞지르기 금지표지가 없는 경우 신속히 앞지르기 한다.

해설 ① 급커브길 안에서 핸들을 꺾으면서 브레이크를 밟으면 타이어가 옆으로 미끄러지면서 차량이 옆으로 미끄러질 수 있어 위험하다. ③ 커브길에서는 원심력이 작용하므로 서행하여야 한다. ④ 급커브길에서는 앞지르기 금지 표지가 없더라도 앞지르기를 하지 않는 것이 안전하다.

218 ✦✦✦

다음 중 강풍이나 돌풍 상황에서 가장 올바른 운전방법은?

① 핸들을 양손으로 꽉 잡고 차로를 유지한다.
② 바람에 관계없이 속도를 높인다.
③ 표지판이나 신호등, 가로수 부근에 주차한다.
④ 산악 지대나 다리 위, 터널 출입구에서는 강풍의 위험이 거의 없다.

해설 강풍이나 돌풍은 산악지대나 높은 곳, 다리 위, 터널 출입구 등에서 발생하기 쉬우므로 그러한 지역을 지날 때에는 주의한다. 이러한 상황에서는 핸들을 양손으로 꽉잡아 차로를 유지하며 속도를 줄여야 안전하다. 또한 강풍이나 돌풍에 표지판이나 신호등, 가로수들이 넘어질 수 있으므로 근처에 주차하지 않도록 한다.

219 ✦✦✦

앞차의 뒤를 따라 편도 1차로의 언덕길 정상 부근을 통과할 때 가장 안전한 운전 방법은?

① 전방이 잘 보이지 않으므로 중앙선 쪽으로 붙여 앞차를 따라 간다.
② 전방상황이나 반대편 상황을 잘 볼 수 없기 때문에 주의하면서 서행으로 뒤따른다.
③ 앞차를 뒤따라가면 전방상황을 알 수 없으므로 신속히 앞지르기 한다.
④ 앞차를 방어물 삼아 앞차와의 거리를 바싹 좁혀 뒤따라간다.

해설 편도 1차로의 언덕길 정상부근은 전방상황이나 반대차로의 상황을 알 수 없으므로 앞차와의 안전거리를 유지하고 서행으로 뒤따른다.

220 ✦✦✦

편도 2차로의 일반도로 터널 안을 주행할 때 올바른 운전방법은?

① 통행차량이 없는 경우에는 백색실선 지점에서 진로변경을 한다.
② 앞차가 서행할 때는 터널 안은 앞지르기 금지장소가 아니므로 앞질러 간다.
③ 터널 안은 전방시야가 밝지 않으므로 앞 차량을 바싹 따라간다.
④ 터널 안을 주행할 때는 앞차와의 안전거리를 충분히 유지하고 주행한다.

해설 앞지르기 금지장소 터널 안은 앞지르기 금지장소이고 터널 안을 주행할 때는 앞차와의 안전거리를 충분히 유지하여야 한다.

221 ✦✦✦

이륜자동차가 편도 3차로의 다리 위를 주행할 때 올바른 운전방법은?

① 안전한 운행을 위해 백색실선구간의 3차로에서 2차로로 진로변경 한다.
② 앞차가 느린 속도로 가는 경우 앞지르기해서 주행한다.
③ 앞차와 안전거리를 충분히 유지한다.
④ 1차로를 이용하여 빠르게 통과한다.

해설 앞지르기 금지장소, 다리 위는 앞지르기 금지장소이다. 이륜자동차는 2, 3차로로 주행할 수 있으며, 다리 위를 주행할 때는 앞차와의 안전거리를 충분히 유지하여야 한다.

222 ✦✦✦

일반도로의 '터널구간'에 대한 겨울철 특성에 대한 설명으로 가장 옳은 것은?

① 혹한기에만 결빙된다.
② 시작점과 끝나는 지점은 지면과 접해있어 결빙되지 않는다.
③ 지열로 인해 터널 밖보다 기온이 높아 결빙되지 않는다.
④ 터널 입구와 터널 출구는 특히 위험하다.

해설 터널의 입구와 출구는 일반도로보다 빨리 얼고 늦게 해빙되므로, 터널 진입 전 충분히 감속하여야 한다.

223 ✦✦✦

편도 1차로의 언덕길을 화물차가 서행하고 있고 그 뒤를 이륜자동차가 뒤따르고 있는 상황이다. 올바른 판단은?

① 화물차는 속도가 나지 않으므로 신속히 앞질러 가야한다.
② 이륜자동차가 속도가 빠르기 때문에 화물차의 우측으로 앞질러 나가야 한다.
③ 전방상황이 안보이므로 중앙선을 물고 화물차를 뒤따라가야 한다.
④ 화물차와 안전거리를 유지하고 뒤따라가야 한다.

해설 언덕길이나 비탈길의 내리막 도로는 앞지르기 금지장소이므로 안전거리를 유지하고 뒤따라가야 한다.

224 ✦✦✦

야간운전 중 발생하는 현혹현상과 관련된 설명으로 가장 타당한 것은?

① 현혹현상은 시력이 낮은 운전자에게 주로 발생한다.
② 현혹현상은 고속도로에서만 발생되는 현상이다.
③ 주로 동일방향 차량에 의하여 발생한다.
④ 주행 중 잦은 현혹현상의 발생은 사고의 위험성을 증가시키는 요인이다.

해설 현혹현상은 눈부심으로 인한 일시 시력상실상태로 대부분 반대 방향의 차량으로 인해 발생하게 되는 현상으로 어느 도로에서나 발생할 수 있으며 시력과는 크게 관련이 없다.

225 ✦✦✦

야간에 마주 오는 차의 전조등 불빛으로 인한 눈부심을 피하는 방법으로 올바른 것은?

① 전조등 불빛을 정면으로 보지 말고 자기 차로의 바로 아래쪽을 본다.
② 전조등 불빛을 정면으로 보지 말고 도로 우측의 가장자리 쪽을 본다.
③ 눈을 가늘게 뜨고 자기 차로 바로 아래쪽을 본다.
④ 눈을 가늘게 뜨고 좌측의 가장자리 쪽을 본다.

해설 대향 차량의 전조등에 의해 눈이 부실 경우에는 전조등의 불빛을 정면으로 보지 말고, 도로 우측의 가장자리 쪽을 보면서 운전하는 것이 바람직하다.

226 ✦✦✦

야간운전 시 가장 안전한 운전방법은?

① 해가 지고 날씨가 어두워지기 시작하더라도 운전자의 시야가 잘 확보되면 전조등을 켜지 않아도 된다.
② 야간은 주간보다 시력이 떨어지고 시야가 좁아지므로 감속운전한다.
③ 전조등 불빛이 앞차의 뒷부분을 비출 수 있는 거리까지 접근하여 운전한다.
④ 장애물을 쉽게 발견할 수 있도록 시선을 되도록 가까운 곳에 둔다.

해설 ① 야간운전 시 전조등은 운전자의 시야 확보 외에도 다른 운전자에게 내 차의 위치를 알려주는 기능을 하므로 어두워지기 시작하면 즉시 켜야 한다. ③ 야간운전 시에는 어두운 주변환경으로 인해 교통상황을 정확하게 인식하기 어려우므로 앞차와의 차간거리를 주간보다 길게 잡는 것이 안전하다. ④ 눈의 시선을 먼 곳에 두어 장애물을 일찍 발견하여야 한다.

227 ✦✦

차량 통행이 한적한 곳에서 야간 운행 중이다. 다음 중 가장 안전한 운전 방법은?

① 앞차의 뒤를 따라갈 때는 전조등을 상향으로 해야 한다.
② 차량 통행량이 적어도 진로를 변경할 때는 방향지시등을 켜야 한다.
③ 교통량이 적으면 정차를 할 때 차폭등과 미등을 안 켜도 무방하다.
④ 한적한 거리에서 구급차가 지나갈 때는 길을 양보하지 않아도 된다.

해설 앞차의 뒤를 따라갈 때는 전조등을 하향으로 해야 한다. 모든 차의 운전자는 좌회전, 우회전, 횡단, 유턴, 서행, 정지 또는 후진을 하거나 같은 방향으로 진행하면서 진로를 바꾸려고 하는 때에는 손이나 방향 지시기 또는 등화로써 그 행위가 끝날 때까지 신호를 하여야 한다. 교통량이 적어도 정차를 할 때 차폭등과 미등을 켜야 하며 한적한 거리에서도 구급차가 지나갈 때는 길을 양보해야 한다.

228 ✦✦✦

야간에 도로 상의 보행자나 물체들이 일시적으로 안 보이게 되는 “증발 현상”이 일어나기 쉬운 위치는?

① 반대 차로의 가장자리
② 주행 차로의 우측 부분
③ 도로의 중앙선 부근
④ 도로 우측의 가장자리

해설 야간에 도로 상의 보행자나 물체들이 일시적으로 안 보이게 되는 “증발 현상”이 일어나기 쉬운 위치는 도로의 중앙선 부근이다.

229 ✦

다음 중 이륜자동차의 야간운전에 대한 설명으로 틀린 것은?

① 주간보다 거리 판단을 훨씬 정확하게 할 수 있다.
② 전방의 장애물 발견이 어렵기 때문에 주간보다 훨씬 낮은 속도로 주행한다.
③ 한적한 산길에서는 상향등을 켜고 주행하는 것이 다른 운전자의 눈에 잘 띄게 한다.
④ 앞서 가는 자동차의 등화가 위·아래로 움직이면 노면상태가 불량하다는 것을 의미하므로 주의한다.

해설 야간에는 불빛에 의존하여 물체의 원근과 속도를 판단하기 때문에 주간과 같이 거리 판단을 정확하게 할 수 없다.

230 ✦✦

야간 운전의 특성으로 틀린 것은?

① 길 가장자리를 걸어가는 보행자가 잘 보이지 않는다.
② 길 가장자리를 주행하는 자전거를 뒤늦게 발견하기 쉽다.
③ 마주 오는 대형차의 전조등으로 인한 현혹현상에 노출되기 쉽다.
④ 야간은 시인성이 낮아 교통사고 발생 가능성이 적다.

해설 야간 운전 시에는 주간 운전보다 시야의 제한 및 시인성의 저하가 나타나므로 사고의 위험성이 매우 높다.

231 ✦✦✦

이륜자동차가 심야에 한적한 도로를 주행할 때 올바른 운전방법은?

① 통행차량이 없으므로 전조등을 상향등으로 조작하고 속도를 높여 주행한다.
② 보행자가 도로를 횡단하는 경우 보행자 뒤쪽으로 통과하면 안전하다.
③ 구부러진 도로에서 반대차로의 차량불빛이 안 보이면 중앙선으로 붙어 주행한다.
④ 야간에는 시야가 좁고 시인성이 낮으므로 평소보다 감속하고 전방주시를 철저히 한다.

해설 야간에는 시야가 좁고 시인성이 낮으므로 평소보다 감속하고 전방주시를 철저히 하여야 한다.

232 ✦✦✦

이륜자동차가 야간에 편도 4차로인 일반도로를 주행 중이다. 올바른 운전방법은?

① 통행차량이 없어 2차로로 주행하였다.
② 야간에 통행차량이 잘 인식할 수 있도록 1차로를 주행하였다.
③ 야간에는 추돌사고의 위험이 높으므로 길가장자리구역 밖으로 주행하였다.
④ 4차로를 이용하여 앞차와 안전거리를 유지하며 주행하였다.

해설 야간에는 가급적 앞지르기를 자제하고 오른쪽 차로로 앞차와의 안전거리를 충분히 유지하면서 주행하여야 한다.

233 ✦✦✦

이륜자동차가 야간에 골목길을 주행 중이다. 올바른 운전방법은?

① 골목길에서는 접촉사고가 자주 발생하므로 야간에는 신속히 통과한다.
② 골목길 교차로가 한산할 때는 전조등을 상향으로 조작하면서 신속히 통과한다.
③ 마주 오는 차의 불빛으로 통행여부를 알 수 있어 불빛이 없을 때는 신속히 통과한다.
④ 골목길은 보행자가 갑자기 나타날 수 있으므로 서행으로 통과한다.

해설 야간에는 가급적 앞지르기를 자제하고 주행차로를 이용하여 앞차와의 안전거리를 충분히 유지하면서 주행하여야 한다. 더불어 골목길은 보행자가 갑자기 나타날 수 있으므로 서행으로 통과한다.

234 ✦✦✦

이륜자동차가 야간에 어린이보호구역을 통과하는 경우 가장 올바른 운전방법은?

① 야간에는 어린이가 없으므로 속도를 높여 통과한다.
② 어린이가 있는 경우 경음기를 계속 울리면서 통과한다.
③ 횡단보도가 있는 경우 증발현상을 주의하면서 서행한다.
④ 전조등을 상향등으로 조작하면서 속도를 높여 통과한다.

해설 야간에는 증발현상이 일어날 수 있으므로 서행하고 어린이보호구역은 서행으로 통과하여야 한다.

235 ✦

교통사고로 인한 화재와 관련해 운전자의 행동으로 가장 알맞은 것은?

① 구조대의 활동이 본격적으로 시작되면 반드시 같이 구조 활동을 해야 한다.
② 긴장감 해소를 위해 담배를 피워도 무방하다.
③ 위험 물질 수송 차량과 충돌한 경우엔 사고 지점에서 빠져나와야 한다.
④ 화재가 발생하더라도 부상자는 절대 건드리지 말아야 한다.

해설 구조대의 활동이 본격적으로 시작되면 구조 활동에 참여하지 말고 현장에서 물러나야 한다. 유류 및 가스 유출의 위험이 있기 때문에 담배를 피우면 안 된다. 화재가 발생했다면 부상자를 적절하게 구호해야 한다.

236 ✦✦✦

이륜자동차를 운전 중 승차인원이 없는 주차된 차량과 사고를 유발한 경우 적절한 조치는?

① 도로에서 원활한 소통을 위하여 필요한 조치를 한 경우에는 연락처를 남길 필요가 없다.
② 사고가 발생한 상대 차량 소유주에게 이름과 전화번호 등을 제공해야 한다.
③ 아파트단지 내 사고인 경우 도로가 아니기 때문에 소유주에게 연락처를 제공하지 않아도 된다.
④ 도로 외 장소에서는 위험방지를 위한 조치를 할 필요가 없다.

237 ✦✦

주행 중 이륜자동차의 엔진 시동이 갑자기 꺼진 경우 조치로 가장 적절치 못한 것은?

① 신속히 도로의 가장자리 안전한 장소로 이동한 후 점검한다.
② 뒤따르는 차와의 추돌방지를 위해 고장자동차의 표지를 설치한다.
③ 비상점멸등을 작동한 후 그 자리에서 계속 엔진 시동을 걸어 본다.
④ 터널 안에서는 비상주차대를 이용하여 정차한 후 비상전화로 신고한다.

해설 2차사고 예방을 위해 도로의 가장자리로 이동하여 고장자동차의 표지를 설치한 후 안전이 확보된 상태에서 점검한다. 특히 터널 안은 매우 위험하므로 비상주차대를 이용하여 정차한 후 비상전화로 신고하여야 한다.

238 ✦✦✦

다음 중 교통사고 발생 시 가장 먼저 취해야 할 응급조치 방법은?

① 부상자의 상태를 확인하기 전에 안전한 곳으로 옮긴다.
② 부상자 응급조치를 할 때에는 가장 먼저 인공호흡을 실시한다.
③ 부상자 응급조치 전 차량파손 여부부터 확인한다.
④ 의식이 있는지를 확인하고 의식이 없을 때에는 우선 가슴압박을 실시한다.

해설 응급조치란 돌발적인 각종 사고로 인한 부상자나 병의 상태가 위급한 환자를 대상으로 전문인에 의한 치료가 이루어지기 전에 실시하는 즉각적이고 임시적인 처치로 병의 악화와 상처의 조속한 처치를 위해 행하여지는 모든 행동을 말한다. 교통사고로 인한 호흡과 의식이 없는 부상자 발생 시에는 가장 먼저 가슴압박을 실시한 후 기도확보, 인공호흡 순으로 실시한다.
또한 함부로 부상자를 움직이지 않고 전문의료진이 도착할 때까지 가급적 그대로 두는 것이 좋다.

239 ✦✦✦

교통사고 부상자 발생 시 의식이 없는 부상자에게 가장 먼저 해야 할 응급조치는?

① 보험사에 교통사고 신고
② 가슴압박
③ 안전한 장소로 급히 이동
④ 출혈부위 지혈

해설 문제238번 해설 참고

240 ✦✦✦

이륜자동차가 고속 주행 중 브레이크가 작동되지 않는 경우 가장 적절한 조치 방법은?

① 즉시 시동을 끄고 속력을 줄인다.
② 저단 기어로 변속하면서 뛰어내린다.
③ 운전대를 급 조작하여 회전하면서 속도를 줄인다.
④ 가속그립에서 손을 떼어 엔진브레이크를 걸고, 순차적으로 기어를 변속하여 속도를 줄인다.

해설 브레이크가 작동되지 않는 경우, 가속그립에서 손을 떼어 엔진브레이크를 걸고, 저단기어로 변속하여 감속하면서 속도를 서서히 줄여야 한다.

241 ✦✦✦

이륜자동차가 고속 주행 중 엔진에서 연기가 나는 경우 가장 적절한 행동은?

① 즉시 시동을 끈다.
② 감속하면서 서서히 속도를 줄이고 안전한 곳에 정차한다.
③ 급제동하면서 뛰어내린다.
④ 속도를 높여 안전한 곳으로 이동한 후 뛰어내린다.

해설 엔진에서 연기가 나는 경우 당황하지 말고 저단기어로 변속하여 감속하면서 속도를 서서히 줄여야 한다.

242 ✦✦✦

이륜자동차가 주행 중 엔진이 꺼지면서 도로에서 멈추었을 때 가장 올바른 조치는?

① 차는 그대로 두고 운전자만 신속히 대피한다.
② 비상점멸등을 켜 놓고 운전자는 그 자리에서 다른 차에게 위험을 알린다.
③ 2차사고 예방을 위해 필요한 조치를 한 후 안전한 곳으로 이동한다.
④ 시동을 켜기 위해 계속적으로 반복해서 노력한다.

해설 주행 중 도로에서 차가 멈추었을 때에는 2차사고 예방을 위해 필요한 조치를 한 후 안전한 곳으로 이동한다.

243 ✦✦✦

이륜자동차를 운행 하던 중 차로에 취객이 쓰러져 있는 것을 발견하였다. 조치방법으로 가장 적절한 것은?

① 시비에 휘말릴 수 있으므로 못 본 척하고 지나간다.
② 차로 상에 이륜자동차를 세워 놓고 달려가 취객에게 자세한 질문을 한다.
③ 가장자리에 정차한 후 112나 119에 신고를 하면서 취객을 도로 밖으로 이동시킨다.
④ 119에 신고만 하고 그냥 지나간다.

해설 차로 상에 이륜자동차를 세워 놓고 질문을 하는 동안 후속하는 차량이 못보고 교통사고를 일으킬 수 있으므로 119등에 신고를 하면서 취객을 신속히 도로 밖으로 이동시켜야 한다.

244 ✦✦✦

이륜자동차의 제동에 대한 설명이다. 잘못된 것은?

① 앞바퀴 브레이크를 강하게 작동하면 전도되기 쉽다.
② 뒷바퀴 브레이크를 강하게 작동하면 옆으로 미끄러진다.
③ 앞바퀴 브레이크와 뒷바퀴 브레이크를 동시에 작동하면 위험하다.
④ 뒷바퀴 브레이크를 사용할 때에는 오른쪽 발끝으로 브레이크 페달 중앙을 서서히 밟는다.

해설 안정적인 제동을 위해서는 앞바퀴와 뒷바퀴 브레이크를 동시에 사용하되 여러 번 나누어 작동하는 것이 좋다.

245 ✦✦✦

도로교통법상 '운전'에 해당하는 것은?

① 내리막길에서 주차상태 잘못으로 운전자 없는 자동차가 이동한 경우
② 면허가 없는 사람이 출입이 통제된 아파트 지하 주차장에서 주차를 하는 경우
③ 마약에 취해 정상운전이 어려운 상태에서 승용자동차를 모텔 주차장에 주차하는 경우
④ 시내도로에서 시동을 끈 상태에서 125시시 오토바이를 두 손으로 핸들을 잡고 끌고 가는 경우

해설 도로교통법에서 규정하고 있는 운전의 개념에는 혈중 알코올농도 0.03퍼센트 이상 주취운전과 마약 등으로 인해 정상적인 운전이 어려운 상태에서 도로 외에서의 운전도 포함한다.

246 ✦✦

도로교통법령상 일시정지하여야 할 장소로 맞는 것은?

① 도로의 구부러진 부근
② 가파른 비탈길의 내리막
③ 비탈길의 고갯마루 부근
④ 교통정리를 하고 있지 아니하고 교통이 빈번한 교차로

해설 서행해야 할 장소에는 도로의 구부러진 부근, 가파른 비탈길의 내리막, 비탈길의 고갯마루 부근이다. 교통정리를 하고 있지 아니하고 좌우를 확인할 수 없거나 교통이 빈번한 교차로, 시・도경찰청장이 도로에서의 위험을 방지하고 교통의 안전과 원활한 소통을 확보하기 위하여 필요하다고 인정하여 안전표지로 지정한 곳은 일시정지해야 할 장소이다.

247 ✦✦✦

도로교통법상 반드시 일시정지하여야 할 장소로 맞는 것은?

① 교통정리를 하고 있지 아니하고 좌우를 확인할 수 없는 교차로
② 녹색등화가 켜져 있는 교차로
③ 교통이 빈번한 다리 위 또는 터널 내
④ 도로의 구부러진 부근 또는 비탈길의 고갯마루 부근

해설 교통정리를 하고 있지 아니하고 좌우를 확인할 수 없거나 교통이 빈번한 교차로, 시・도경찰청장이 도로에서의 위험을 방지하고 교통의 안전과 원활한 소통을 확보하기 위하여 필요하다고 인정하여 안전표지로 지정한 곳은 일시정지해야 할 장소이다.

248 ✦✦✦

도로교통법에서 규정한 일시정지를 해야 하는 장소는?

① 터널 안 및 다리 위
② 신호등이 없는 교통이 빈번한 교차로
③ 가파른 비탈길의 내리막
④ 도로가 구부러진 부근

해설 앞지르기 금지구역과 일시정지해야 하는 곳은 다르게 규정하고 있다. 터널 안 및 다리 위, 가파른 비탈길의 내리막 도로가 구부러진 부근은 앞지르기 금지구역이다. 교통정리를 하고 있지 아니하고 좌우를 확인할 수 없거나 교통이 빈번한 교차로, 시・도경찰청장이 도로에서의 위험을 방지하고 교통의 안전과 원활한 소통을 확보하기 위하여 필요하다고 인정하여 안전표지로 지정한 곳[전문개정 2011.6.8]은 일시정지해야 할 장소이다.

249 ✦✦✦

다음 중 교통사고 발생 시 경찰관서에 지체 없이 신고해야 할 사항으로 가장 적절한 것은?

① 사고 차량 안에 있는 모든 물건 및 손괴정도
② 사고가 발생한 곳의 교통량 및 주변 약도
③ 사상자 수 및 부상 정도
④ 사상자의 직업과 가족관계

해설 교통사고 발생 시 지체 없이 경찰관서에 신고해야 될 사항은 사고가 일어난 곳, 사상자 수 및 부상정도, 손괴한 물건 및 손괴정도, 그 밖의 조치사항 등이다.

250 ✦✦✦

다음 중 앞지르기가 가능한 경우로 맞는 것은?

① 백색실선이 설치된 터널 안에서 느리게 주행하는 화물차를 앞지르기하였다.
② 교차로 내에서 경운기를 앞지르기하였다.
③ 백색실선이 설치된 다리 위에서 우마차를 앞지르기하였다.
④ 황색점선의 중앙선이 설치된 도로에서 지게차를 앞지르기하였다.

해설 황색점선의 직선도로에서는 마주 오는 차량에게 위해를 주지 않는 경우 앞지르기를 할 수 있으며 교차로나 터널 안, 다리 위에서는 앞지르기를 할 수 없다.

251 ✦✦✦

다음은 노면표시 중 '백색 실선의 차선'에 대한 설명이다. 맞는 것은?

① 진로변경 제한 선이므로 모든 차는 진로변경을 해서는 안 된다.
② 주차금지 선이므로 모든 차의 진로변경은 가능하다.
③ 버스전용차로 표시이므로 버스는 진로변경이 가능하다.
④ 이륜자동차나 자전거는 진로변경이 가능하다.

해설 버스전용차로는 청색 실선 및 점선으로 표시하며, 백색 실선의 차선은 진로변경 제한 표시이다.

252 ✦✦✦

다음 중 이륜자동차 또는 원동기장치자전거의 교통사고 특징으로 가장 맞는 것은?

① 사륜자동차보다 상대적으로 속도가 빠르지 않으므로 교통사고 발생 시 피해는 크지 않은 편이다.
② 사륜자동차보다 차체 제어력이 좋기 때문에 교통사고 발생을 예상하고 피하기 쉽다.
③ 사륜자동차보다 손과 발을 동시에 이용하는 우수한 제동력으로 교통사고 발생 시 충분히 감속하여 피해가 작다.
④ 사륜자동차보다 안전장치가 충분하지 못하기 때문에 운전자가 다른 차에 충돌되어 피해가 큰 편이다.

해설 **이륜자동차 교통사고 특징 분석(도로교통공단)** 이륜자동차 또는 원동기장치자전거의 교통사고 특징은 일반적으로 다음과 같다. 자동차보다 최고속도는 느리지만, 교통사고 발생 시 운전자가 외부로 노출되어 차도로 추락하거나, 그 추락으로 다른 차에 충돌되는 경우가 많다. 또 차체의 제어력이 사륜차보다 떨어지기 때문에 교통사고를 피하기 어렵고 쉽게 넘어지는 경향이 있다. 이륜자동차와 원동기장치자전거는 사고 발생 시 운전자를 붙잡아 둘 안전장치가 없어 교통사고뿐만 아니라 다른 공작물 등에 2차 충돌 이상이 발생하여 피해가 상당히 크다.

253 ✦

다음은 도로교통법상 이륜자동차 운전자의 준수 사항이 아닌 것은?

① 정당한 사유 없이 연속적으로 경음기를 울리지 말아야 한다.
② 어린이가 도로에서 놀이를 할 때 일시정지한다.
③ 정당한 사유 없이 속도를 급격히 높이는 행위를 하지 말아야 한다.
④ 뒷좌석에 동승자를 태우고 운행해서는 안 된다.

해설 뒷좌석에 동승자를 태우고 운행하는 것을 금지하는 규정은 없다.

254 ✦✦

다음 중 이륜자동차 운전자가 동승자에게 인명보호 장구를 착용시키지 않았을 때 처벌 규정으로 맞는 것은?

① 범칙금 2만원 ② 범칙금 3만원
③ 과태료 2만원 ④ 과태료 3만원

해설 동승자에게 인명보호 장구를 착용하도록 하지 않은 운전자 과태료 2만원

255 ✦✦

다음은 도로교통법상 단속 대상이 되는 이륜차 및 원동기장치자전거 운전자의 행위이다. 해당 없는 것은?

① 이륜자동차를 횡단보도 내에 주차하는 경우
② 밤에 원동기장치자전거 운전자가 전조등 및 미등을 켜지 않고 운전하는 경우
③ 이륜자동차의 운전자가 인명보호용 장구를 착용하지 않고 운전하는 경우
④ 제2종 보통면허로 원동기장치자전거를 운전한 경우

해설 원동기장치자전거는 제2종 보통면허로 운전이 가능하다. 그 외는 통고처분 대상이다.

256 ✦✦✦

다음은 도로교통법상 단속 대상이 되는 이륜차 및 원동기장치자전거 운전자의 행위이다. 통고처분할 수 있는 것은?

① 이륜자동차를 혈중알코올농도 0.1퍼센트 상태로 운전한 경우
② 이륜자동차를 운전면허가 취소 된 후에 운전한 경우
③ 원동기장치자전거를 자동차전용도로에서 운전한 경우
④ 원동기장치자전거를 운전하다 보행자보호 의무를 위반한 경우

해설 보행자보호를 위반하면 통고처분에 해당하지만 그 외에는 형사입건 사항이다.

257 ✦✦

다음 중 이륜자동차의 안전운전 의식으로 바람직한 것은?

① 차체가 작으므로 대형차량들이 보호해 줄 것이다.
② 순간 가속도가 좋아 앞지르기는 언제라도 가능하다.
③ 번호판이 후면에 있어 과속으로 적발될 가능성이 거의 없다.
④ 교통사고 발생시 피해가 참혹할 수 있으므로 안전운전이 강조된다.

해설 이륜자동차는 상대적으로 차체가 작고 운전자의 신체가 외부로 노출되어 있어 피해가 참혹하다.

258 ✦✦

이륜자동차 운전자의 준법의식으로 바람직하지 않은 것은?

① 느린 속도로 갈 때는 우측 가장자리로 피하여 진로를 양보해야 한다고 생각하였다.
② 운전하던 중 긴급자동차가 뒤따라올 때에는 신속하게 진로를 양보하였다.
③ 교차로에서는 선진입이 우선이므로 먼저 진입하는 것이 좋다고 생각하였다.
④ 양보 표지가 설치된 도로를 주행하는 경우 항상 다른 도로의 주행 차량에 진로를 양보하였다.

해설 교차로는 통행우선 순위에 따라 통행하여야 하며 선진입을 강조할 경우 대형교통사고로 이어질 수 있다.

259 ✦✦

다음은 이륜차 운전자가 안전운전을 위해 버려야 할 의식 또는 습관이다. 해당하지 않는 것은?

① 평소 다른 차가 끼어들지 못하도록 앞차 뒤로 바싹 붙어 운전한다.
② 내가 먼저 가야 교통 소통이 된다는 생각으로 운전한다.
③ 남을 배려하는 순간 내가 뒤처진다는 마음으로 운전을 한다.
④ 보행자 신호가 바뀌더라도 좌·우를 살피고 통과한다.

해설 보행자 신호가 바뀌더라도 좌·우를 살펴 늦게 걸어오는 보행자가 있는지 확인하고 진행해야 한다.

260 ✦✦✦

교통사고 발생 시 현장에서 운전자가 취해야 할 순서로 맞는 것은?

① 현장 증거 확보 → 경찰서 신고 → 사상자 구호
② 경찰서 신고 → 사상자 구호 → 현장 증거 확보
③ 즉시 정차 → 사상자 구호 → 경찰서 신고
④ 즉시 정차 → 경찰서 신고 → 사상자 구호

해설 사고가 발생하면 바로 정차하여 사상자가 발생하였는지 여부를 확인한 후 경찰관서에 신고하는 등의 조치를 하여야 한다.

261 ✦✦✦

교통사고 발생 시 대처방법으로 가장 적절한 것은?

① 경미한 사고의 경우에는 부상자를 그냥 두고 가도 된다.
② 복잡한 교차로에서는 차를 그 자리에 세우고 시비를 가린다.
③ 즉시 정차하고 사상자가 발생하였을 때에는 구호조치를 한다.
④ 차를 이동할 수 없을 때에는 아무 조치 없이 도로에 차를 세워둔다.

해설 교통사고가 발생했을 때에는 즉시 정차하고 사상자가 발생하였을 때에는 바로 구호조치를 한다. 아무리 경미한 사고라 할지라도 부상자가 발생하였을 때에는 적절한 조치를 해야 하며 절대 그냥 두고 가서는 안 된다. 또한 복잡한 교차로에서 사고가 발생하였을 때에는 현장사진을 충분히 확보한 후 안전한 곳으로 차를 이동시켜 다른 차량에게 방해되지 않도록 한다. 만약 차를 이동할 수 없을 때에는 비상등 및 삼각대 등의 조치를 하여 후속사고를 방지하도록 한다.

262 ✦✦✦

교통사고가 발생했을 때 즉시 안전한 곳으로 이동시켜야 하는 환자는?

① 다리 골절상을 입은 환자
② 교통사고로 인해 화재 위험이 있는 차량 내에 있는 환자
③ 횡단 중 차량에 치어 의식이 없는 환자
④ 몸이 아파서 그대로 있고 싶다고 말하는 환자

해설 부상자를 움직이게 하는 것은 단순 골절이 복합 골절이 되는 경우가 있어 부상을 더 악화시킬 수 있다. 즉 필요한 경우가 아닌 한 응급의료기관에 맡겨야 한다. 필요한 경우는 즉각적인 위험이 있는 화재, 산소 부족, 심한 교통 체증, 익수, 악천 후 붕괴 직전의 건물, 감전 위험 등이 될 수 있다.

263 ✦✦✦

교통사고 발생 시 부상자의 의식 상태를 확인하는 방법으로 가장 먼저 해야 할 것은?

① 부상자의 맥박 유무를 확인한다.
② 말을 걸어보거나 어깨를 가볍게 두드려 본다.
③ 어느 부위에 출혈이 심한지 살펴본다.
④ 입안을 살펴서 기도에 이물질이 있는지 확인한다.

해설 의식 상태를 확인하기 위해서는 부상자에게 말을 걸어보거나, 어깨를 가볍게 두드려 보거나, 팔을 꼬집어서 확인하는 방법이 있다.

264 ✦✦✦

교통사고로 목 부상이 아주 심한 부상자의 응급처치 방법으로 가장 적절한 것은?

① 부상자에게 직접 구호 조치를 한다.
② 상태를 확인하기 위하여 부상자를 갓길로 이동한다.
③ 후속 사고 예방을 위해 신속히 차량을 1차로로 이동한다.
④ 함부로 부상자를 옮기지 말고 119에 신고한다.

해설 부상이 심각한 경우 꼭 필요한 경우가 아니면 함부로 부상자를 움직이지 않아야 한다. 척추 골절의 경우 척추 신경을 상하게 하여 전신 장애를 초래할 수 있으므로 119 등에 신고한다.

265 ✦✦✦

이륜자동차 운행 중 부주의로 보행자를 충돌하여 보행자가 쓰러진 경우 가장 먼저 해야 할 응급조치는?

① 부상자가 의식이 있는지 어깨를 두드려 보고 큰 소리로 물어본다.
② 부상자에게 즉시 심폐 소생술을 실시한다.
③ 부상자의 기도를 확보한다.
④ 부상자의 다리에 출혈이 있으면 지혈을 한다.

해설 가장 먼저 의식이 있는지를 파악하여야 한다.

266 ✦✦✦

이륜자동차 운전자가 보도를 주행 중 지나가는 보행자를 다치게 했을 때 처벌은?

① 피해자와 합의하면 형사처벌되지 않는다.
② 종합보험에 가입되어 있어도 형사처벌된다.
③ 종합보험에 가입되어 있는 경우 형사처벌되지 않는다.
④ 책임보험과 운전자보험에 가입되어 있는 경우 형사처벌되지 않는다.

해설 이륜자동차를 타고 보도통행을 하다가 보행자에게 충격을 입히는 경우 종합보험가입여부, 피해자와 합의 여부와 상관없이 형사입건된다.

267 ✦✦✦

이륜자동차 운전자가 어린이 보호구역 내에서 제한속도를 위반하여 어린이를 다치게 했을 때 처벌은?

① 피해자가 형사처벌을 요구할 경우에만 형사처벌된다.
② 피해자의 처벌 의사에 관계없이 형사처벌된다.
③ 종합보험에 가입되어 있는 경우에는 형사처벌되지 않는다.
④ 피해자와 합의하면 형사처벌되지 않는다.

해설 어린이보호구역에서 제한속도를 위반하여 어린이를 다치게 하는 경우 종합보험가입여부, 피해자와 합의 여부와 상관없이 형사입건된다.

268 ✦✦✦

이륜자동차 운전 중 폭우로 도로의 일부가 물에 잠긴 구간을 만났을 경우 가장 바람직한 운전방법은?

① 핸들을 꼭 잡고 가속하여 빠른 속도로 통과한다.
② 핸들을 꼭 잡고 서행으로 통과한다.
③ 가급적 우회도로를 이용한다.
④ 물에 잠긴 구간에 진입하여 시동이 꺼지면 다시 시동을 걸고 빠져 나온다.

해설 국지적 폭우 등으로 도로가 물에 잠기는 경우 가급적 우회도로를 이용하는 것이 가장 바람직하다. 바퀴의 절반 이상이 물에 잠긴다면 지나갈 수 없으므로 진입하면 안 되며 통과 중 시동이 꺼졌을 경우 다시 시동을 걸면 엔진이 파손된다.

269 ✦✦✦

이륜자동차가 골목길을 주행 중 보행하는 어린이와 부딪히는 사고가 발생했을 때 운전자의 올바른 조치는?

① 어린이가 살짝 부딪힌 것 같아 조치 없이 그냥 지나갔다.
② 어린이에게 물어 보니 괜찮다고 하여 그냥 지나갔다.
③ 어린이가 잘못하였다고 생각되어 그냥 지나갔다.
④ 어린이의 부모에게 연락하고 112에도 신고하였다.

해설 어린이는 의사능력이 부족하다고 보아 어린이가 괜찮다고 하더라도 조치 없이 가버리면 도주에 해당할 수 있으므로 부모 등 보호자에게 연락하고 신고를 하여야 한다.

270 ✦✦✦

다음 중 운전면허 정지처분을 받는 경우는?(현재 처분벌점 없음)

① 교통사고를 야기하여 벌점 40점을 받은 경우
② 교통법규를 위반하여 벌점 30점을 받은 경우
③ 교통법규를 위반하여 벌점 20점을 받은 경우
④ 음주운전으로 인사사고를 야기한 경우

해설 교통법규를 위반하여 벌점 30점을 받은 경우에는 면허정지처분을 받지 아니하며 음주운전으로 인사사고를 야기한 경우에는 운전면허가 취소된다.

271 ✦✦✦

운전자가 자동차 등의 운전 중에 휴대용 전화를 사용하면 단속 대상이 되는 경우로 맞는 것은?

① 각종 재해 신고 등 긴급한 필요가 있는 경우
② 자동차 등이 정지하고 있는 경우
③ 자동차 등을 운전 중 손으로 잡고 휴대용 전화를 사용하고 있는 경우
④ 긴급자동차를 운전하는 경우

해설 자동차 등이 정지하고 있거나, 각종 범죄 신고 등 긴급한 경우, 긴급 자동차 등을 이용하는 경우 등에만 휴대전화 사용이 가능하다. 또한 안전운전에 장애를 주지 않는 장치인 손으로 잡지 아니하고 휴대전화를 사용할 수 있는 장치인 경우에도 사용이 가능하며 기타 이동 중에는 사용할 수 없다.(모든 운전자의 준수 사항 등)

272 ✦✦✦

제2종 소형면허 운전면허 취소 사유에 해당하는 것은?

① 정기 적성검사 기간 만료 다음 날부터 적성검사를 받지 아니하고 6개월을 초과한 경우
② 운전면허 행정처분 기간 중 이륜자동차를 운전한 때
③ 난폭운전으로 형사입건된 때
④ 공동위험행위로 형사입건된 때

해설 ① 1년 ③ 난폭운전으로 형사입건된 때 벌점 40점으로 정지처분 대상 ④ 공동위험행위로 형사입건된 때 벌점 40점으로 정지처분 대상이고, 구속된 때에는 취소처분 대상이다.

273 ✦✦

누산 점수 초과로 인한 운전면허 취소 기준으로 옳은 것은?

① 1년간 100점 이상
② 2년간 191점 이상
③ 3년간 271점 이상
④ 5년간 301점 이상

해설 1년간 121점 이상, 2년간 201점 이상, 3년간 271점 이상이면 면허를 취소한다.

274 ✦✦✦

다음 중 교통사고 발생 시 조치할 사항으로 맞는 것은?

① 쌍방 간에 합의해야만 경찰에 신고할 수 있다.
② 보험회사에 신고하면 경찰 신고와 동일한 효력이 있다.
③ 즉시 차량을 이동하여 사고현장을 벗어난다.
④ 경미한 물적 피해 사고는 당사자 간에 사고 내용과 연락처를 각자 자필로 기록하여 교환한다.

해설 ① 경찰 신고는 언제든지 가능하다. ② 경찰 신고는 보험회사 연락과는 별개이다. ③ 사고 후 즉시 정차하지 않으면 도주죄로 처벌받을 수 있기 때문에 주의해야 한다.

275 ✦✦

교통사고를 발생시킨 운전자의 신고행위를 방해하는 사람에 대한 설명으로 옳은 것은?

① 목격자인 경우는 처벌되지 않는다.
② 피해자인 경우는 처벌되지 않는다.
③ 누구든지 처벌된다.
④ 처벌 조항은 없다.

해설 사고 후 조치 또는 신고 행위를 방해한 사람은 누구든지 6개월 이하의 징역이나 200만 원 이하의 벌금 또는 구류로 처벌된다.

276 ✦✦✦

다음 중 원동기장치자전거(개인형 이동장치 제외)의 운전자가 통행할 수 없는 경우로 맞는 것은?

① 일반도로에서 편도 3차로 중 2차로를 통행하는 경우
② 일반도로에서 편도 2차로 중 2차로를 통행하는 경우
③ 한 개로 설치된 좌회전 차로를 통행하는 경우
④ 차도의 길가장자리구역을 통행하는 경우

해설 원동기장치자전거는 이륜자동차 중 배기량 125cc이하의 것을 말한다. 차로에 따른 통행차의 기준에 따르면 원동기장치자전거(개인형 이동장치 제외)는 오른쪽차로에서 통행 가능하다. 1개로 설치된 좌회전 차로에서 원동기장치자전거는 통행 가능하다. 도로교통법 제13조 제6항에 따라 차마의 운전자는 길가장자리구역으로 통행하여서는 아니 된다.
고속도로 외 도로에서의 오른쪽 차로 통행차에서 개인형 이동장치는 제외된다.

277 ✦✦

도로교통법상 개인형 이동장치의 동승자가 인명 보호 장구를 착용하지 않은 경우 운전자의 처벌 기준은?

① 10만원 이하 과태료
② 20만원 이하 과태료
③ 30만원 이하 과태료
④ 40만원 이하 과태료

해설 교통사고를 발생시킨 운전자가 경찰공무원에게 신고할 경우 신고할 내용으로 가장 적정한 것은 사고가 일어난 곳, 사상자 수 및 부상 정도, 손괴한 물건 및 손괴 정도이다.

278 ✦

도로교통법상 경찰공무원의 개인형 이동장치에 대한 위험방지를 위한 조치로 틀린 것은?

① 운전자가 혈중알코올농도 0.03% 이상이면 운전의 금지를 명할 수 있다.
② 운전자가 혈중알코올농도 0.03% 이상이면 개인형 이동장치를 몰수할 수 있다.
③ 운전자가 술을 마시고 운전하는 것이 인정되는 경우 운전면허증의 제시를 요구할 수 있다.
④ 운전자가 무면허 운전을 하고 있는 것이 인정되는 경우 운전면허증의 제시를 요구할 수 있다.

해설 **(위험방지를 위한 조치)** 동법 술에 취한 상태에서의 운전금지를 위반하여 자전거등을 운전하는 사람에 대하여는 정상적으로 운전할 수 있는 상태가 될 때까지 운전의 금지를 명하고 차를 이동시키는 등 필요한 조치를 할 수 있다.

279 ✦✦

이륜자동차 운전자가 자전거 전용차로를 통행한 경우 벌점은?

① 없음 ② 10점
③ 15점 ④ 30점

280 ✦✦✦

다음 중 제2종 운전면허의 종류로 맞는 것은?

① 대형견인차면허 ② 소형견인차면허
③ 구난차면허 ④ 원동기장치자전거면허

해설 **(운전면허)**
1. 제1종 운전면허: 대형면허, 보통면허, 소형면허, 특수면허(대형견인차면허, 소형견인차면허, 구난차면허)
2. 제2종 운전면허: 보통면허, 소형면허, 원동기장치자전거면허
3. 연습운전면허: 가. 제1종 보통연습면허, 나. 제2종 보통연습면허

281 ✦✦

이륜자동차 운전 중 교통사고 결과에 대한 벌점 기준으로 바르지 않은 것은?

① 5일 미만의 치료를 요하는 의사의 진단이 있는 사고 : 2점
② 3주 미만 5일 이상의 치료를 요하는 의사의 진단이 있는 사고 : 10점
③ 3주 이상의 치료를 요하는 의사의 진단이 있는 사고 : 15점
④ 사고 발생 시부터 72시간 내에 사망한 때 : 90점

해설 **사고결과에 대한 벌점기준(규칙 별표28)** 3주 미만 5일 이상의 치료를 요하는 의사의 진단이 있는 사고는 5점

282 ✦✦

도로교통법상 이륜자동차 운전 중 내비게이션을 조작한 경우 운전자에 대한 범칙금과 벌점은?

① 범칙금 2만원, 벌점 10점
② 범칙금 2만원, 벌점 15점
③ 범칙금 4만원, 벌점 10점
④ 범칙금 4만원, 벌점 15점

해설 이륜자동차 운전 중 영상표시장치 조작 4만원, 벌점 15점

283 ✦✦✦

도로교통법상 이륜자동차 운전자의 신호위반사고로 경상 2명, 중상 2명의 피해자가 발생한 경우 운전자에게 부과되는 벌점은?

① 35점 ② 50점
③ 55점 ④ 70점

해설 신호위반 15점 + 경상 2명 10점 + 중상 2명 30점 = 55점(시행규칙 별표28)

284 ✦✦

도로교통법상 이륜자동차 운전 중 교통사고를 일으킨 운전자에 대한 행정처분으로 옳지 않은 것은?

① 본인의 상해결과에 대한 벌점은 부과되지 않는다.
② 동승자의 상해결과에 대한 벌점은 부과된다.
③ 동승자가 친·인척인 경우에는 벌점은 부과되지 않는다.
④ 보행자와의 사고에 있어 보행자의 과실이 큰 경우에는 벌점을 1/2로 감경된다.

해설 동승자와의 신분상 관계에 상관없이 벌점이 부과된다.

285 ✦✦✦

다음 이륜자동차의 도로교통법상 운전면허 취소 대상이 아닌 것은?

① 공동위험행위로 구속된 때
② 보복운전으로 구속된 때
③ 난폭운전으로 구속된 때
④ 주차된 차량만 손괴한 후 도주한 때

해설 ④ 주차된 차만 손괴 후 도주한 때는 사고원인행위에 대한 벌점과 사고 후 미조치에 대한 15점을 부과받으며 취소대상은 아니다. 공동위험행위로 구속된 때, 보복운전으로 구속된 때, 난폭운전으로 구속된 때 등은 운전면허 취소대상이다.(도로교통법 시행규칙 별표28)

286 ✦✦✦

갑은 이륜자동차를 운전하던 중 탑승자가 없이 주·정차된 차량을 살짝 긁었으나 본인의 인적사항을 알리지 않고 현장을 떠났다. 이 때 갑에 대한 행정처분으로 옳은 것은?

① 운전면허 취소처분 대상이다.
② 인적사항을 알리지 않았으므로 벌점 15점이 부과된다.
③ 사고원인에 대해서는 벌점을 부과하지 않는다.
④ 도로가 아닌 곳에서 발생되었더라도 벌점을 부과한다.

해설 인적사항을 남기지 않고 현장을 떠난 경우 사고발생 시의 조치의무위반이 되며, 벌점 15점이 부과된다. 그러나 도로가 아닌 곳에서는 벌점을 부과할 수 없다.

287 ✦✦✦

다음 중 도로교통법상 가장 높은 벌점이 부과되는 위반사항은?

① 신호위반
② 중앙선침범
③ 지정차로 통행위반
④ 일반도로 버스전용차로 통행

해설 신호위반 15점, 중앙선침범 30점, 지정차로 통행위반 10점, 일반도로 버스전용차로 통행 위반 10점

288 ✦✦

다음은 도로교통법상 운전면허를 받을 수 없는 기간에 대한 설명이다. 잘못 연결된 것은?

① 무면허운전 3회 이상 : 위반한 날부터 2년
② 혈중알코올농도 0.03퍼센트 이상 상태로 운전 중 교통사고 2회 이상 : 취소된 날부터 2년
③ 무면허운전 중 사람을 다치게 하고 도주 : 위반한 날부터 5년
④ 혈중알코올농도 0.03퍼센트 이상 상태로 운전 중 사람을 다치게 하고 도주 : 취소된 날부터 5년

해설 혈중알코올농도 0.03퍼센트 이상 상태로 운전 중 교통사고를 3회 이상 낸 경우 운전면허가 취소된 날로부터 3년간 결격처분된다.

289 ✦✦✦

다음 중 이륜자동차 운전자에게 신호위반 책임을 물을 수 없는 행위는?

① 교차로에 진입하기 직전 차량신호가 황색으로 바뀌었음에도 멈추지 않고 진행하였다.
② 차량신호가 적색일 때 직진할 목적으로 정지선에서 천천히 출발하였다.
③ 차량신호가 적색일 때 다른 교통에 방해가 있음에도 우회전하였다.
④ 차량신호가 녹색일 때 다른 교통에 방해가 없어 우회전하였다.

해설 녹색신호일 때 우회전 하는 것은 신호위반이 아니다. 차량신호등이 녹색의 등화일 때 1. 차마는 직진 또는 우회전할 수 있다. 2. 비보호좌회전표지 또는 비보호좌회전표시가 있는 곳에서는 좌회전할 수 있다.

290 ✦✦✦

다음 중 도로교통법상 주·정차 금지구역으로 맞는 것은?

① 안전지대의 사방으로부터 각각 7미터 지점
② 교차로의 가장자리로부터 7미터 지점
③ 도로의 모퉁이로부터 7미터 지점
④ 비상소화장치가 설치된 곳으로부터 7미터 지점

해설 **(정차 및 주차의 금지)** ① 안전지대의 사방으로부터 각각 10미터 이내인 곳, ②③ 도로의 모퉁이나 교차로의 가장자리로부터 5미터 이내인 곳, ④ 비상소화장치로부터 5미터 이내인 곳

291 ✦✦✦

다음 중 이륜자동차(긴급자동차 제외) 운전 방법에 대한 설명으로 옳은 것은?

① 자동차전용도로를 통행할 수 있다.
② 차로가 넓으면 2대가 나란히 진행할 수 있다.
③ 편도 3차로 일반도로에서 2, 3차로로 진행할 수 있다.
④ 단체로 이용할 경우 다른 차량이 끼어들지 못하도록 대열을 유지한다.

해설 ① 이륜자동차는 자동차전용도로 통행할 수 없다, ②, ③ 지정된 차로에 따라 진행해야 한다(차로에 따른 통행 차의 기준). 일반도로 3차로의 경우 오른쪽차로(2, 3차로 통행). ④ 앞차와의 안전거리를 확보해야 한다. 대열운전은 단속대상이다.

292 ✦✦✦

다음 중 이륜자동차 운전자가 보복운전으로 구속된 경우 운전면허 행정처분은?

① 면허정지 40일　② 면허정지 60일
③ 면허정지 100일　④ 면허취소

293 ✦✦

운전면허 없이 원동기장치자전거를 운전하여 형사입건되었을 때 운전면허 취득 결격기간이 부여되는 경우는?

① 벌금형이 확정된 경우
② 기소유예의 결정이 있는 경우
③ 선고유예의 판결이 확정된 경우
④ 「소년법」 제32조에 따른 보호처분의 결정이 있는 경우

해설 벌금 미만의 형이 확정되거나 선고유예의 판결이 확정된 경우 또는 기소유예나 소년법 제32조에 따른 보호처분의 결정이 있는 경우에는 운전면허 취득 결격기간을 부여하지 않는다.

294 ✦✦✦

다음 이륜자동차 운전자의 도로교통법 위반행위 중 운전면허 취소사유로 맞는 것은?

① 처음으로 혈중알코올농도 0.07퍼센트 상태에서 운전한 경우
② 운전면허취득 결격기간 중 운전면허를 받은 경우
③ 난폭운전으로 형사 입건된 경우
④ 물적 피해가 발생한 교통사고를 일으킨 후 도주한 경우

해설 처음으로 혈중알코올농도 0.07퍼센트 상태에서 운전한 경우는 벌점 100점, 난폭운전으로 형사 입건된 경우는 벌점 40점, 물적 피해가 발생한 교통사고를 일으킨 후 도주한 경우는 벌점 15점 부과한다.

295 ✦✦✦

무위반·무사고 서약에 의한 벌점 공제(착한운전 마일리지)에 대한 설명으로 맞는 것은?

① 무위반·무사고 서약을 하고 2년간 이를 실천해야 한다.
② 10점의 특혜점수를 부여한다.
③ 벌점초과로 취소처분을 받게 될 경우 누산점수에서 특혜점수를 공제한다.
④ 부여된 특혜점수는 사용하지 않을 경우 5년 뒤 소멸된다.

해설 무위반·무사고 서약을 하고 1년간 이를 실천해야 한다. 취소처분을 받게 될 경우 사용하지 못하고 정지처분을 받게 될 경우 누산점수에서 특혜점수를 공제한다. 부여된 특혜점수는 소멸되지 않고 누적된다.

296 ✦✦✦

도로 이외의 곳에서 이륜자동차 운전자가 처음으로 혈중알코올농도 0.11퍼센트 상태에서 운전하였을 경우 그 운전자는 어떻게 되는가?

① 운전면허를 취소한다.
② 운전면허를 정지한다.
③ 형사처벌 하지 않는다.
④ 형사처벌 한다.

해설 혈중알코올농도가 0.1퍼센트 이상 0.2퍼센트 미만인 사람은 6개월 이상 1년 이하의 징역이나 300만 원 이상 500만 원 이하의 벌금에 처한다. 도로 외의 장소에서 음주운전은 형사처벌만 하고 행정처분은 하지 않는다.

297 ✦✦✦

다음 원동기장치자전거(개인형 이동장치 제외) 운전자의 위반행위 중 도로 외의 장소에서도 형사 처벌하는 것은?

① 무면허 운전 ② 약물 운전
③ 공동 위험행위 ④ 난폭 운전

해설 음주운전, 과로·약물운전, 교통사고 야기 시 조치불이행은 도로 외의 장소에서도 형사처벌한다.

298 ✦✦

이륜자동차 운전자가 음주운전으로 형사입건된 후 운전면허가 취소되었다. 다음 중 운전면허 행정처분을 반드시 취소해야 하는 경우는?

① 기소유예 처분을 받은 경우
② 선고유예 처분을 받은 경우
③ 무죄 확정 판결을 받은 경우
④ 벌금형 확정 판결을 받은 경우

해설 혐의 없음, 불기소처분을 받거나 무죄확정 판결을 받은 경우 운전면허 행정처분을 취소해야 한다.

299 ✦✦

운전면허행정처분 이의신청에 대한 설명으로 틀린 것은?

① 행정처분을 받은 날부터 60일 이내에 신청하여야 한다.
② 주소지를 관할하는 시・도경찰청장에게 이의신청을 하여야 한다.
③ 이의신청이 인용되면 취소처분의 경우 벌점 100점으로 변경한다.
④ 이의신청과는 별도로 행정심판을 제기할 수 있다.

해설 이의신청이 인용되면 취소처분의 경우 벌점 110점으로 변경한다.

300 ✦✦✦

이륜자동차 운전자의 도로교통법 위반사항 중 벌점 40점에 해당하는 경우가 아닌 것은?

① 난폭운전으로 형사입건된 때
② 공동위험행위로 형사입건된 때
③ 속도위반(40km/h 초과 60km/h 이하)한 때
④ 범칙금 납부기간 만료일부터 60일이 경과될 때까지 즉결심판을 받지 아니한 때

해설 속도위반(40km/h 초과 60km/h 이하)은 벌점 30점 난폭운전 죄로 형사입건, 공동위험행위로 형사입건, 승객 차내 소란행위 방치운전 등은 벌점 40점

301 ✦✦

도로교통법령상 이륜자동차 운전자의 법규위반에 대한 처벌로 틀린 것은?

① 안전모 등 인명보호장구를 미착용한 경우에는 범칙금 2만원
② 난폭운전한 경우에는 1년 이하 징역 또는 500만원 이하의 벌금
③ 보도통행 등 통행구분을 위반한 경우에는 범칙금 4만원
④ 운전 중 휴대용 전화를 사용한 경우에는 범칙금 2만원

해설 운전 중 휴대용 전화를 사용한 경우에는 범칙금 4만원

302 ✦✦✦

무인단속장비에 의해 제한속도 위반으로 단속된 경우에 대한 설명이다. 맞는 것은?

① 위반 차종과 속도에 관계없이 동일한 범칙금 또는 과태료가 부과된다.
② 과태료와는 별도로 벌점 처분도 받게 된다.
③ 위반 행위를 한 운전자가 밝혀진 경우에는 과태료 처분을 받게 된다.
④ 과태료를 기한 내에 납부하지 않을 경우 최고 75퍼센트의 가산금이 부과된다.

해설 무인단속 장비에 의해 속도위반으로 단속된 경우, 승용차, 화물차 등 차종에 따라 범칙금과 과태료가 다르고 속도위반(20킬로미터 이하, 20킬로미터 초과 40킬로미터 이하, 40킬로미터 초과 60킬로미터 이하, 60킬로미터 초과 등) 정도에 따라 범칙금과 과태료가 각각 다르다. 과태료 부과 처분을 받고 기한 내 납부하지 않을 경우에는 부과 금액의 최저 5퍼센트에서 최고 75퍼센트의 가산된 처분을 받게 되며 과태료 처분 시에는 범칙금과 달리 별도의 벌점 처분은 없다.

303 ✦✦✦

교통사고처리특례법에 따라 특례 예외가 적용되는 속도위반은?(어린이 보호구역 제외)

① 매시 20킬로미터 초과
② 매시 15킬로미터 초과
③ 매시 10킬로미터 초과
④ 매시 5킬로미터 초과

304 ✦✦✦

다음 교통사고 중 특정범죄가중처벌등에 관한 법률상 위험운전치사상죄로 처벌받는 경우는?

① 원동기장치자전거 운전자가 약물의 영향으로 사람을 부상에 이르게 한 경우
② 자전거 운전자가 술의 영향으로 사람을 부상에 이르게 한 경우
③ 전기자전거 운전자가 술의 영향으로 사람을 부상에 이르게 한 경우
④ 전기자전거 운전자가 약물의 영향으로 사람을 부상에 이르게 한 경우

해설 도로교통법의 차에는 자동차, 건설기계, 원동기장치자전거(자전거이용활성화에관한 법률에 따른 전기자전거는 원동기장치자전거에서 제외), 자전거, 사람 또는 가축의 힘이나 그 밖의 동력으로 도로에서 운전되는 것, 술에 취한 상태에서의 운전금지는 도로가 아닌 곳을 포함, 위험운전치사상죄의 죄가 성립하는 대상차종은 자동차와 원동기장치자전거에 해당한다. 따라서 자전거나 전기자전거는 차에는 해당되나, 자동차와 원동기장치자전거에는 해당되지 않는다.

305 ✦✦

도로교통법령상 개인형 이동장치의 금지 규정으로 틀린 것은?

① 13세 미만의 어린이 이용 금지
② 보도, 횡단 보도 통행 금지
③ 야간 통행 금지
④ 음주 운전 금지

해설 야간 운행 제한은 없으나 등화 장치 및 야광띠 등 발광 장치를 사용하여야 한다.

306 ✦✦✦

다음 중 이륜차 운전자가 정당한 사유 없이 다른 사람에게 피해를 주는 소음을 발생시킨 경우 처벌의 대상에 속하지 않는 것은?

① 급히 출발시키거나 속도를 급격히 높여 소음을 발생하는 경우
② 동력을 바퀴에 전달시키지 않고 원동기의 회전수를 증가시키는 행위
③ 반복적이거나 연속적으로 경음기를 울리는 행위
④ 무단 횡단하는 어린이를 발견하고 경음기를 울리는 행위

해설 자동차등을 급히 출발시키거나 속도를 급격히 높이는 행위, 자동차 등의 원동기 동력을 차의 바퀴에 전달시키지 아니하고 원동기의 회전수를 증가시키는 행위, 반복적이거나 연속적으로 경음기를 울리는 행위는 정당한 사유 없이 다른 사람에게 피해를 주는 소음을 발생시킨 경우 처벌의 대상에 해당한다.

307 ✦✦✦

도로교통법상 공동 위험행위에 해당하는 것은?

① 2명의 고등학생이 1대의 이륜자동차로 폭주하는 행위
② 1대의 자동차가 과속 운전을 하는 행위
③ 3대의 자동차와 1대의 이륜자동차가 차량의 통행을 방해하는 행위
④ 수십 대의 이륜자동차가 주차장에 주차하는 행위

해설 **(공동 위험행위의 금지)** ① 자동차등(개인형 이동장치는 제외한다. 이하 이 조에서 같다)의 운전자는 도로에서 2명 이상이 공동으로 2대 이상의 자동차등을 정당한 사유 없이 앞뒤로 또는 좌우로 줄지어 통행하면서 다른 사람에게 위해를 끼치거나 교통상의 위험을 발생하게 하여서는 아니 된다.
② 자동차등의 동승자는 제1항에 따른 공동 위험행위를 주도하여서는 아니 된다.

308 ✦✦

철길 건널목 앞에서 일시정지하지 않고 통과하다가 기차와 충돌하여 인명 피해 사고가 난 경우 운전자는 어떤 처벌을 받는가?

① 종합보험에 가입되었거나 피해자와 합의되면 형사 처벌을 받지 않는다.
② 도로교통법의 철길 건널목 통과 방법 위반에 따른 행정 처벌만 받는다.
③ 철길 건널목 통과 방법 위반으로 인적 피해 사고가 난 것이므로 형사 처벌된다.
④ 철길 건널목에서의 사고는 도로교통법이나 교통사고처리특례법으로 처리되지 않는다.

해설 철길 건널목 앞에서 일시정지 않고 통과하다가 기차와 충돌하여 인명 피해 사고가 난 경우 운전자는 형사 처벌된다.

309 ✦✦✦

교통사고처리특례법상 피해자의 명시된 의사에 반하여 공소를 제기할 수 있는 속도위반 교통사고는?(어린이보호구역 제외)

① 당해 도로의 제한속도를 시속 5킬로미터 초과하여 운전하다 인적피해사고를 야기한 경우
② 당해 도로의 제한속도를 시속 10킬로미터 초과하여 운전하다 인적피해사고를 야기한 경우
③ 당해 도로의 제한속도를 시속 15킬로미터 초과하여 운전하다 인적피해사고를 야기한 경우
④ 당해 도로의 제한속도를 시속 20킬로미터 초과하여 운전하다 인적피해사고를 야기한 경우

해설 당해 도로의 제한속도를 시속 20킬로미터 초과하여 운전하다 인적피해사고를 야기한 경우에만 속도위반으로 형사처벌된다.

310 ✦✦✦

다음 중 도로교통법상 '난폭운전 금지' 적용 대상 차종으로 맞는 것은?

① 개인형 이동장치
② 이륜자동차
③ 전기자전거
④ 자전거

해설 개인형 이동장치 신설. 자동차등(개인형 이동장치는 제외한다)의 운전자는 동법에서 정한 9개 유형의 위반 중 둘 이상의 행위를 연달아 하거나, 하나의 행위를 지속 또는 반복하여 다른 사람에게 위협 또는 위해를 가하거나 교통상의 위험을 발생하게 하여서는 아니 된다.

311 ✦✦

도로교통법령상 자동차등(개인형 이동장치 제외)의 도로 통행 속도에 대한 설명으로 틀린 것은?

① 자동차전용도로의 최고속도는 매시 90킬로미터
② 편도 1차로 고속도로의 최고속도는 매시 80킬로미터
③ 주거지역, 상업지역 및 공업지역의 일반도로는 매시 70킬로미터 이내
④ 어린이 보호구역은 매시 30킬로미터 이내

해설 ① 자동차전용도로의 최고 속도는 매시 90km, ② 편도 1차로 고속도로에서의 최고 속도는 매시 80km, ③ 주거지역·상업지역 및 공업지역의 일반도로에서는 매시 50km, ④ 어린이 보호구역에서는 매시 30km 이내로 제한하고 있다.

312 ✦✦✦

보행자 신호등이 없는 횡단보도를 건너던 초등학생을 충격하여 경상을 입힌 경우 가장 알맞은 설명은?

① 교통사고처리특례법상 처벌의 특례 예외에 해당하여 형사처벌을 받는다.
② 종합보험에 가입되어 있으면 형사처벌을 받지 않는다.
③ 피해자가 어린이이기 때문에 보호자에게 연락만 하면 된다.
④ 피해자에게 인적 사항을 알려 줄 필요는 없다.

해설 교통사고처리특례법상 처벌의 특례 예외 12개 조항(횡단보도보행자보호의무)에 해당되어 형사처벌을 받는다.

313 ✦✦✦

도로교통법상 차로에 따른 통행차의 기준에 대하여 틀리게 설명한 것은?

① 2개 이상의 차로가 설치된 고속도로 · 자동차 전용도로 그리고 그 외의 도로로 구분하여 차의 종류가 정해져 있다.
② 고속도로 외의 도로에서 이륜자동차는 오른쪽 차로를 통행해야 한다.
③ 고속도로에서 화물자동차는 오른쪽 차로를 통행해야 한다.
④ 원동기장치자전거는 2개의 좌회전 차로가 설치된 교차로에서 좌회전하려면 오른쪽 차로로 통행해야 한다.

해설 차로에 따른 통행차의 기준에 따라 왼쪽 차로와 오른쪽 차로로 구분되어 그 위치에 맞게 통행하여야 한다. 이때 도로는 고속도로와 고속도로 외의 도로로 구분한다. 자동차전용도로는 고속도로 외의 도로에 포함된다.

- 고속도로에서 왼쪽 차로를 통행할 수 있는 차의 종류는 승용자동차 및 경형 · 소형 · 중형 승합자동차이고 오른쪽 차로는 대형승합자동차, 화물자동차, 특수자동차, 법 제2조 제18호 나목에 따른 건설기계, 이륜자동차, 원동기장치자전거
- 좌회전 차로가 2차로 이상 설치된 교차로에서 좌회전하려는 차는 고속도로 외의 기준을 따른다.

314 ✦✦✦

다음 중 도로교통법상 자동차에 해당하지 않는 것은?

① 화물자동차 ② 특수자동차
③ 이륜자동차 ④ 원동기장치자전거

해설 자동차란 철길이나 가설된 선을 이용하지 아니하고 원동기를 사용하여 운전되는 차로 승용자동차, 승합자동차, 화물자동차, 특수자동차, 이륜자동차 등을 말한다. 원동기장치자전거는 제외한다.

315 ✦✦✦

도로교통법령상 자전거를 음주운전하다가 경찰공무원의 측정에 불응한 경우 범칙금은?

① 10만원 ② 5만원
③ 3만원 ④ 처벌되지 않는다.

해설 자전거 음주운전 범칙금 3만원

316 ✦✦

다음 중 도로교통법상 신호 또는 지시 권한이 없는 사람은?

① 의무경찰
② 모범운전자
③ 녹색어머니회 회원
④ 긴급한 용도로 운행하는 소방차를 유도하는 소방공무원

해설 도로를 통행하는 보행자와 차마의 운전자는 교통안전시설이 표시하는 신호 또는 지시와 교통정리를 하는 경찰공무원(의무경찰을 포함) 및 제주특별자치도의 자치경찰공무원, 경찰공무원 및 자치경찰공무원을 보조하는 사람으로서 대통령령으로 정하는 모범운전자, 군사훈련 및 작전에 동원되는 부대의 이동을 유도하는 군사경찰, 본래의 긴급한 용도로 운행하는 소방차 · 구급차를 유도하는 소방공무원 등의 신호 및 지시를 따라야 한다. 녹색어머니회는 해당되지 않는다.

317 ✦✦✦

다음 중 차량신호가 황색일 때 교차로 통행방법으로 옳지 않은 것은?

① 정지선 직전에 정지하여야 한다.
② 이미 교차로에 진입한 경우에는 신속히 교차로 밖으로 진행하여야 한다.
③ 다른 교통에 방해가 없는 경우 우회전할 수 있다.
④ 이미 교차로에 진입한 경우라도 진행하면 교차로통행방법위반이다.

해설 차마는 정지선이 있거나 횡단보도가 있을 때에는 그 직전이나 교차로의 직전에 정지하여야 하며, 이미 교차로에 차마의 일부라도 진입한 경우에는 신속히 교차로 밖으로 진행하여야 한다. 다른 교통에 방해를 주면서 우회전하는 경우는 신호위반에 해당된다.(대판 2009도8222)

318 ✦✦✦

다음 중 이륜자동차가 도로의 중앙이나 좌측부분으로 통행할 수 없는 경우는?

① 도로가 일방통행인 경우
② 도로공사로 우측통행이 어려운 경우
③ 차량이 정체되어 있는 경우
④ 경찰의 수신호에 따라 진행하는 경우

해설 ③의 차량정체는 중앙선 좌측통행 대상이 아니다.

319 ✦✦✦

다음 중 차도와 보도가 구분된 곳에서의 이륜자동차 통행방법 중 틀린 것은?

① 차도로 통행하여야 한다.
② 도로 외의 곳으로 출입할 때 보도를 횡단하여 통행할 수 있다.
③ 우편물 배달을 위해 보도를 통행할 수 있다.
④ 노인이 운전하는 경우라 하더라도 보도를 통행할 수 없다.

해설 보도를 횡단하기 직전에 일시정지하여 좌측과 우측 부분 등을 살핀 후 보행자의 통행을 방해하지 아니하도록 횡단하여야 한다. 서행은 운전자가 차를 즉시 정지시킬 수 있는 정도의 느린 속도로 진행하는 것을 말하고, 일시정지는 차의 운전자가 그 차의 바퀴를 일시적으로 완전히 정지시키는 것을 말한다.

320 ✦✦

다음 중 일반도로 버스전용차로 통행에 관한 내용으로 틀린 것은?

① 36인승 이상 승합자동차는 버스전용차로로 통행할 수 있다.
② 모든 차는 전용차로 외의 도로가 파손된 경우에 전용차로를 통행할 수 있다.
③ 25인승 내국인 관광객 수송용 승합자동차는 전용차로를 통행할 수 있다.
④ 택시가 승객을 내려주기 위하여 일시 통행하는 경우에는 전용차로로 통행할 수 있다.

해설 증명서를 발급받은 경우에 한하여 어린이를 운송할 목적으로 운행 중인 어린이 통학버스는 통행할 수 있다. 긴급자동차가 그 본래의 긴급한 용도로 운행되고 있는 경우, 전용차로 통행차의 통행에 장해를 주지 아니하는 범위에서 택시가 승객을 태우거나 내려주기 위하여 일시 통행하는 경우(이 경우 택시 운전자는 승객이 타거나 내린 즉시 전용차로를 벗어나야 한다), 도로의 파손, 공사, 그 밖의 부득이한 장애로 인하여 전용차로가 아니면 통행할 수 없는 경우 등은 전용차로 통행차 외에 전용차로로 통행할 수 있다.

321 ✦✦✦

도로교통법상 공동위험행위란, 도로에서 ( ) 이상이 공동으로 2대 이상의 자동차등(개인형 이동장치 제외)을 정당한 사유 없이 앞뒤로 줄지어 통행하면서 다른 사람에게 위해를 가하는 것을 말한다. ( )안에 기준으로 맞은 것은?

① 1명 ② 2명
③ 3명 ④ 4명

해설 공동위험행위란 이륜자동차 운전자는 도로에서 2명 이상이 공동으로 2대 이상의 이륜자동차를 정당한 사유 없이 앞뒤로 줄지어 통행하면서 다른 사람에게 위해를 주어서는 아니 된다.

322 ✦✦

다음 중 이륜자동차의 진로변경 방법에 대한 설명으로 옳지 않은 것은?

① 백색점선 지점에서 안전하게 진로를 변경한다.
② 다른 차의 통행에 방해가 없으면 백색실선 지점에서도 진로변경은 가능하다.
③ 진로변경을 하고자 하는 방향으로 방향지시등을 작동한다.
④ 주변에 차량이나 보행자가 없더라도 방향지시등을 작동해야 한다.

해설 백색실선은 진로변경 금지구간이다.

323 ✦✦✦

다음 중 도로교통법상 반드시 최고속도의 100분의 50을 줄인 속도로 운행하여야 하는 경우가 아닌 것은?

① 비가 내려 노면이 젖어 있는 경우
② 노면이 얼어붙은 경우
③ 안개 등으로 가시거리가 100미터 이내인 경우
④ 눈이 20밀리미터 이상 쌓인 경우

해설
1. 최고속도의 100분의 20을 줄인 속도로 운행하여야 하는 경우
   가. 비가 내려 노면이 젖어있는 경우
   나. 눈이 20밀리미터 미만 쌓인 경우
2. 최고속도의 100분의 50을 줄인 속도로 운행하여야 하는 경우
   가. 폭우・폭설・안개 등으로 가시거리가 100미터 이내인 경우
   나. 노면이 얼어붙은 경우
   다. 눈이 20밀리미터 이상 쌓인 경우

324 ✦✦✦

다음 중 다른 차를 앞지르기할 때 운전방법으로 옳은 것은?

① 앞차의 좌측으로 앞지르기를 하였다.
② 앞차가 위험방지를 위해 정지 중일 때 앞지르기를 하였다.
③ 다리 위에서 앞지르기를 하였다.
④ 앞차의 좌측에 다른 차가 앞차와 나란히 가고 있을 때 앞지르기를 하였다.

해설 모든 차의 운전자는 다른 차를 앞지르려면 앞차의 좌측으로 통행하여야 한다.
- 앞지르기 금지시기
  - 앞차의 좌측에 다른 차가 앞차와 나란히 가고 있는 경우
  - 앞차가 다른 차를 앞지르고 있거나 앞지르려고 하는 경우
  - 모든 차의 운전자는 이 법이나 이 법에 의한 명령 또는 경찰공무원의 지시에 따르거나 위험을 방지하기 위하여 정지하거나 서행하고 있는 다른 차를 앞지르기 못한다.

325 ✦✦✦

다음 중 교통정리가 없는 교차로에서의 양보운전에 대한 설명으로 옳은 것은?

① 동시에 들어가려고 하는 차는 좌측 도로의 차에 진로를 양보하여야 한다.
② 늦게 진입한 차는 이미 교차로에 들어가 있는 차에게 진로를 양보하여야 한다.
③ 우회전하려는 차는 좌회전하려는 차에게 진로를 양보하여야 한다.
④ 넓은 도로 진입 차는 좁은 도로 진입 차에게 진로를 양보해야 한다.

해설 **(교통정리가 없는 교차로에서의 양보운전)**
① 우측 차에게 양보해야 한다. ③ 우회전차에게 양보해야 한다. ④ 넓은 도로 진입 차에게 양보해야 한다.

326 ✦✦✦

도로교통법령상 안개가 낀 도로에서 원동기장치자전거를 운행하는 경우에 켜야 하는 등화는?

① 차폭등 및 번호등 ② 차폭등 및 미등
③ 전조등 및 미등 ④ 번호등 및 전조등

327 ✦✦✦

다음 중 이륜자동차의 등화 조작 방법에 대한 설명으로 틀린 것은?

① 서로 마주보고 진행할 때는 전조등 불빛의 방향을 아래로 향하게 한다.
② 앞차의 바로 뒤를 따라갈 때는 전조등 불빛의 방향을 아래로 향하게 한다.
③ 앞차가 진로양보를 하지 않을 경우 전조등 불빛을 상하로 반복한다.
④ 시·도경찰청장이 지정한 지역 이외의 교통이 빈번한 곳에서는 전조등 불빛의 방향을 계속 아래로 유지한다.

해설 전조등 불빛의 밝기를 함부로 조작하여 앞차의 운전을 방해해서는 안 된다.
(마주보고 진행하는 경우 등의 등화 조작)
① 모든 차의 운전자는 밤에 운행할 때에는 다음 각 호의 방법으로 등화를 조작하여야 한다.
1. 서로 마주보고 진행할 때에는 전조등의 밝기를 줄이거나 불빛의 방향을 아래로 향하게 하거나 잠시 전조등을 끌 것. 다만, 도로의 상황으로 보아 마주보고 진행하는 차의 교통을 방해할 우려가 없는 경우에는 그러하지 아니하다.
2. 앞차의 바로 뒤를 따라갈 때에는 전조등 불빛의 방향을 아래로 향하게 하고, 전조등 불빛의 밝기를 함부로 조작하여 앞차의 운전을 방해하지 아니할 것
② 모든 차의 운전자는 교통이 빈번한 곳에서 운행할 때에는 전조등 불빛의 방향을 계속 아래로 유지하여야 한다. 다만, 시·도경찰청장이 교통의 안전과 원활한 소통을 확보하기 위하여 필요하다고 인정하여 지정한 지역에서는 그러하지 아니하다.

328 ✦✦✦

다음 중 도로교통법상 공동위험행위 금지 규정에 대한 설명으로 옳지 않은 것은?(개인형 이동장치는 제외)

① 자동차와 원동기장치자전거만 대상이다.
② 앞뒤로 줄지어 통행하면서 교통상의 위험을 발생한 것을 말한다.
③ 법령에 의해 국가적 행사 중인 차량도 적용된다.
④ 공동 위험행위를 주도한 사람도 처벌 대상이다.

해설 ③ 법령에 의한 국가적 행사에는 적용되지 않음.
(공동 위험행위의 금지) ① 자동차등(개인형 이동장치는 제외한다. 이하 이 조에서 같다)의 운전자는 도로에서 2명 이상이 공동으로 2대 이상의 자동차등을 정당한 사유 없이 앞뒤로 또는 좌우로 줄지어 통행하면서 다른 사람에게 위해(危害)를 끼치거나 교통상의 위험을 발생하게 하여서는 아니 된다. 자동차등의 동승자는 제1항에 따른 공동 위험행위를 주도하여서는 아니 된다.
다음 각 호의 어느 하나에 해당하는 사람은 2년 이하의 징역이나 500만원 이하의 벌금에 처한다.
1. 공동 위험행위를 하거나 주도한 사람

329 ✦✦

다음 중 과로한 때(졸음운전 포함) 등의 운전금지에 대한 설명으로 옳은 것은?

① 질병운전은 포함되지 않는다.
② 안전운전의무위반에 따른 범칙금(통고처분) 발부 대상이다.
③ 30만 원 이하의 벌금이나 구류에 처한다.
④ 벌점 30점이 부과된다.

해설 ③ 과로 · 질병으로 인하여 정상적으로 운전하지 못할 우려가 있는 상태에서 자동차등을 운전한 사람은 30만 원 이하의 벌금이나 구류에 처해진다. 졸음운전과 같은 개념이고, 통고처분대상이 아니며, 벌점은 없다.

330 ✦✦

경찰공무원은 이륜자동차의 안전운전을 위해 현장에서 불법부착장치를 제거할 수 있다. 제거할 수 있는 대상이 아닌 것은?

① 교통단속용 장비의 기능을 방해하는 장치
② 규정에 맞지 않은 광폭타이어
③ 경찰관서에서 사용하는 무전기와 동일한 주파수의 무전기
④ 긴급자동차가 아닌 자동차에 부착된 경광등, 사이렌 또는 비상등

해설 교통단속용 장비의 기능을 방해하는 장치, 경찰관서에서 사용하는 무전기와 동일한 주파수의 무전기, 긴급자동차가 아닌 자동차에 부착된 경광등, 사이렌 또는 비상등은 경찰공무원이 제거할 수 있다.

331 ✦✦✦

다음 중 교통사고처리특례법상 종합보험에 가입된 이륜자동차 운전자에 대한 형사처벌 대상이 아닌 것은?

① 중앙선 침범으로 인해 마주 오는 차와 충돌하여 2주 상해를 입힌 사고
② 규정 속도 25킬로미터 초과 운전 중 앞차를 추돌하여 2주 상해를 입힌 사고
③ 골목길에서 보행하고 있는 노인을 충돌하여 3주 상해를 입힌 사고
④ 신호등 없는 횡단보도에서 보행자를 충돌하여 3주 상해를 입힌 사고

해설 골목길에서의 인적피해 교통사고는 안전운전의무위반 등 적용되어 경과실로 처리된다.
① 중앙선침범
② 제한속도 시속 20킬로미터 초과
④ 횡단보도 보행자보호의무위반

332 ✦✦✦

다음 중 이륜자동차 운전자의 교통사고 발생 시 조치사항으로 옳지 않은 것은?

① 사상자를 구호한다.
② 다른 교통에 장해가 없도록 한다.
③ 긴급한 상황이 아니더라도 동승자로 하여금 필요한 조치나 신고를 대신 하게 한 후 계속 운전한다.
④ 주 · 정차된 차량만 손괴한 경우라도 피해자에게 인적사항을 제공해야 한다.

해설 ③ 긴급한 경우에만 동승자로 하여금 필요한 조치나 신고를 하게 한 후 계속 운전할 수 있다. 차의 운전 등 교통으로 인하여 사람을 사상하거나 물건을 손괴한 경우 사상자를 구호하는 등 필요한 조치를 취해야 하고, 피해자에게 인적 사항을 제공하지 않으면 범칙금 발부대상이 되고, 위험방지와 원활한 소통을 위하여 필요한 조치를 한 경우 경찰에 신고하여야 하고 긴급자동차, 부상자를 운반중인 차 및 우편물 자동차등의 운전자는 긴급한 경우 동승자로 하여금 대신 사고처리하게 하고 계속 운전할 수 있다.

333 +++

다음 중 이륜자동차 운전자가 공동위험행위를 하여 형사입건된 경우 운전면허 행정처분은?

① 면허정지 40일 ② 면허정지 60일
③ 면허정지 100일 ④ 면허취소

해설 자동차등의 운전자가 도로에서 2명 이상이 공동으로 2대 이상의 자동차등을 정당한 사유 없이 앞뒤로 또는 좌우로 줄지어 통행하면서 다른 사람에게 위해를 끼치거나 교통상의 위험을 발생하게 하는 공동위험행위로 구속된 때 운전면허를 취소한다. 3. 형사입건된 때는 40점

334 +++

이륜자동차 운전자가 보복할 목적으로 뒤따르는 승용차 앞에서 급제동한 경우 어떻게 되는가?

① 급제동 금지 위반에 대한 범칙금이 발부된다.
② 형법상 특수협박죄가 적용되어 형사입건된다.
③ 형사입건 되면 벌점 40점 부과된다.
④ 구속되면 벌점 100점 부과된다.

해설
① 급제동 금지규정은 고의가 없는 것을 말한다. 형사입건 시 통고처분은 안 된다.
② (특수협박)에서 단체 또는 다중의 위력을 보이거나 위험한 물건을 휴대하여 죄를 범한 경우 7년 이하의 징역 또는 1천만 원 이하의 벌금에 처한다. 이륜자동차도 위험한 물건이므로 이륜자동차를 이용하여 보복하는 행위는 특수협박죄에 해당된다.
③ 자동차등을 이용하여 특수협박, 특수폭행, 특수상해, 특수 손괴하여 형사입건 된 때는 100일 정지, 구속된 때는 취소된다(시행규칙 별표28).
④ 대처할 수 없는 상태에서 발생하였으므로 고의 급제동에 따른 앞차가 가해자, 뒤차가 피해자가 된다.

335 +++

다음 중 도로교통법상 난폭운전 금지 규정에 대한 설명으로 옳지 않은 것은?(개인형 이동장치는 제외)

① 자동차와 원동기장치자전거 운전자가 대상이다.
② 모든 법규위반 중 둘 이상 또는 하나의 행위를 지속·반복해야 한다.
③ 위협 또는 위해를 가하거나 교통상의 위험이 발생되어야 한다.
④ 1년 이하의 징역이나 500만 원 이하의 벌금에 처한다.

해설 **(난폭운전 금지)** 자동차등(개인형 이동장치는 제외한다)의 운전자는 다음 각 호 중 둘 이상의 행위를 연달아 하거나, 하나의 행위를 지속 또는 반복하여 다른 사람에게 위협 또는 위해를 가하거나 교통상의 위험을 발생하게 하여서는 아니 된다.
1. 신호 또는 지시 위반 2. 중앙선 침범
3. 속도의 위반 4. 횡단·유턴·후진 금지 위반
5. 안전거리 미확보, 진로변경 금지 위반, 급제동 금지 위반
6. 앞지르기 방법 또는 앞지르기의 방해금지 위반
7. 정당한 사유 없는 소음 발생
8. 고속도로에서의 앞지르기 방법 위반
9. 고속도로등에서의 횡단·유턴·후진 금지 위반

(벌칙) 자동차등의 운전자가 제46조의3을 위반하여 난폭운전을 한 경우에는 1년 이하의 징역이나 500만 원 이하의 벌금에 처한다.

336 ✦✦

이륜자동차 안전모착용 의무에 대한 설명으로 옳지 않은 것은?

① 안전모를 미착용한 운전자는 범칙금 2만원을 부과 받는다.
② 동승자가 안전모를 미착용 한 경우 운전자는 과태료 2만원을 부과 받는다.
③ 안전기준이 미치지 못한 안전모를 착용한 것은 원칙적으로 단속대상이다.
④ 안전모를 착용하지 않고 이륜자동차를 끌고 가는 것도 단속대상이다.

해설 짧은 거리를 끌고 갈 때는 운전이 아니므로 안전모착용 의무가 없어 단속대상이 아니다. 안전모 미착용운전자는 범칙금 2만원, 동승자 미착용은 운전자에게 과태료 2만원이 부과된다. 안전기준에 미치지 못한 경우 안전모 착용이라고 할 수 없어 단속대상이 된다.

337 ✦✦

다음 중 도로교통법상 술에 취한 상태에서의 운전 금지에 대한 설명 중 옳지 않은 것은?

① 자동차, 원동기장차자전거, 모든 건설기계가 대상이다.
② 도로가 아닌 곳에서의 운전도 단속 대상이다.
③ 주차할 목적으로 짧은 거리를 운전한 것도 단속대상이다.
④ 형사처벌 기준은 혈중알코올농도 0.02퍼센트 이상이다.

해설 운전이 금지되는 술에 취한 상태의 기준은 운전자의 혈중알코올농도가 0.03퍼센트 이상인 경우로 한다.

338 ✦✦

유료도로법령상 그 통행료 외에 할인받은 통행료의 10배 부가통행료 부과 사유가 아닌 것은?

① 통행권을 위조 또는 변조하여 할인받은 경우
② 자신의 통행권을 타인의 통행권과 교환하여 할인받은 경우
③ 타인 소유의 통행료 감면대상자임을 증명하는 증표를 행사하여 할인받은 경우
④ 하이패스 단말기 없이 하이패스 차로로 통행한 경우

해설 **(부가통행료 부과 · 수납)** ④의 경우 부가통행료 10배 부과 대상 시점은 기한경과(단계별 고지 후) 및 상습미납차량으로 고객과실에 따라 20회 이상 미(수)납일 때 부과된다.

339 ✦✦✦

다음 중 유턴 방법에 대한 설명으로 옳지 않은 것은?

① 유턴지점에서 정상 진행 중인 다른 차량을 방해하면서 유턴하면 유턴위반이다.
② 보조표지가 없고 유턴표시만 있는 곳에서는 다른 교통에 방해되지 않는 경우 신호와 상관없이 유턴할 수 있다.
③ 유턴 표시가 없는 중앙선이 설치된 도로에서 유턴하면 유턴위반이다.
④ 유턴금지 표지판을 위반하여 유턴을 하면 지시위반이다.

해설 유턴지점에서 정상진행 중인 다른 차량을 방해하면 안 된다. 중앙선이 설치된 지점에서 유턴하면 중앙선침범 위반이다. 유턴표시만 있는 곳에서는 신호와 상관없이 유턴할 수 있으며, 유턴금지 표지판을 위반하면 제5조 지시위반이 된다.

340 ✦✦✦

다음 중 이륜자동차 보도통행에 대한 설명 중 옳지 않은 것은?

① 차도와 보도가 구분된 곳에서는 차도로 통행해야 한다.
② 도로 외의 곳으로 통행할 때에는 보도를 횡단하여 통행할 수 있다.
③ 보도를 횡단하기 위해서는 보행자의 통행을 방해하지 않아야 한다.
④ 노인 등 교통약자가 이륜자동차를 운전하는 경우에는 보도를 통행할 수 있다.

해설 이륜자동차는 차도를 통행해야 하고(횡단은 가능) 교통약자라고 하여 통행이 허용되는 것은 아니다.
(교통약자 예외사유)
- **(운전면허)** 교통약자가 최고속도 20킬로미터 이하로만 운행될 수 있는 차를 운전하는 경우에 운전면허를 받지 않아도 된다.
- **(자전거의 통행방법)** 제4항 어린이, 노인, 그 밖의 행정안전부령으로 정하는 신체 장애인이 자전거를 운전한 경우에는 보도를 통행할 수 있다.

341 ✦✦✦

다음 중 이륜자동차 운전자의 교차로 통행방법에 대한 설명으로 옳지 않은 것은?

① 우회전할 때는 미리 우측 가장자리를 서행하면서 우회전하여야 한다.
② 좌회전할 때는 교차로의 중심 안쪽을 이용하여야 한다.
③ 차량이 정체되어 다른 차의 통행에 방해가 있는 경우라면 교차로에 진입해서는 안 된다.
④ 다른 교통에 방해가 없다면 교차로 우측으로 앞지르기하여 진행할 수 있다.

해설 ④ 교차로는 앞지르기 금지장소이다. ①, ②, ③은 교차로 통행방법에 관한 규정이다.

342 ✦✦

도로교통법령상 '차'에 해당하는 것으로만 나열된 것은?

① 자전거, 원동기장치자전거, 손수레
② 기차, 어린이용 세발자전거, 전동 킥보드
③ 유모 차, 보행보조용 의자차, 전동 이륜평행차
④ 케이블 카, 경운기, 전기자전거

해설 자전거와 원동기장치자전거는 차에 해당한다. 그러나 가설된 선에 의하여 운전되는 기차나 어린이를 태운 유모차와 신체 장애인용 의자차는 도로교통법상 '차'에 해당하지 않는다.

343 ✦✦✦

이륜자동차가 자전거 우선도로에서 주행 중 자전거가 진입하려고 하는 경우 올바른 운전 방법은?

① 자전거와 나란히 주행한다.
② 자전거가 진입하지 못하게 경음기를 울린다.
③ 최대한 빠른 속도로 지나간다.
④ 자전거가 자전거 우선도로에 진입할 수 있도록 양보한다.

해설 자전거 우선도로는 다른 차보다 자전거가 우선 주행하는 도로이므로 다른 차의 운전자는 자전거에게 양보해야 한다.

344 ✦✦✦

우회전 하려는 이륜자동차 운전자가 교차로에서 신호에 따라 직진하려는 자전거와 만났을 때 가장 안전한 운전 방법은?

① 이륜자동차가 속도를 높여 먼저 우회전한다.
② 신호에 따라 직진하려는 자전거를 수신호로 세운다.
③ 신호에 따라 직진하려는 자전거를 먼저 보낸다.
④ 이륜자동차가 경음기를 울리면서 먼저 우회전한다.

해설 신호에 따라 직진하는 자전거 우선이므로 이륜자동차 운전자는 일시정지하여 자전거를 먼저 보내고 좌우를 살펴 안전을 확인 후 우회전한다.

345 ✦✦✦

이륜자동차가 구부러진 길에서 앞서 가는 자전거를 발견했을 때 가장 안전한 운전 행동은?

① 자전거는 속도가 느리므로 가속하여 빠르게 앞질러 간다.
② 경음기를 울려 주의를 주면서 중앙선 쪽으로 붙여 빠르게 진행한다.
③ 구부러진 길을 지날 때까지 안전거리를 유지하면서 자전거를 뒤따른다.
④ 길 가장자리 쪽의 공간을 이용하여 빠르게 진행한다.

해설 구부러진 길에서는 앞차(자전거)와 안전거리를 유지하면서 뒤따라 가야한다.

346 ✦✦✦

이륜자동차 운전자가 자전거를 끌고 도로를 횡단하는 사람을 발견하였을 때 가장 안전한 운전 행동은?

① 큰 소리로 주의를 주면서 감속하여 통과한다.
② 안전거리를 두고 일시정지한다.
③ 횡단을 못하도록 경음기를 울리면서 신속하게 통과한다.
④ 횡단하는 사람 뒤쪽 공간을 이용하여 서행한다.

해설 자전거를 끌고 가는 경우 보행자이므로 안전거리를 두고 일시정지를 하여야 한다.

347 ✦✦✦

이륜자동차가 앞서가는 자전거를 따라 우회전 하려고 한다. 다음 중 가장 안전한 운전방법은?

① 이륜자동차가 자전거보다 먼저 우회전한다.
② 경음기를 울려 자전거를 멈추게 한 후 우회전한다.
③ 자전거와 나란히 우회전한다.
④ 자전거가 먼저 우회전할 수 있도록 서행한다.

해설 이륜자동차 운전자가 앞서가는 자전거를 따라 우회전하려고 하는 경우 자전거를 먼저 우회전할 수 있도록 서행한다.

348 ✦✦✦

이륜자동차가 비포장도로를 주행하던 중 앞서 가는 자전거를 발견한 경우 가장 안전한 운전방법은?

① 자전거가 언제 넘어질지 모르므로 가속하여 통과한다.
② 자전거 운전자가 우측으로 비켜 줄 것이라 믿고 그대로 진행한다.
③ 사고에 대비하여 안전거리를 유지하며 서행한다.
④ 자전거 운전자가 알 수 있도록 경음기를 울리면서 그대로 진행한다.

해설 자갈길 등 비포장도로에서는 자전거의 경우 넘어질 수 있으므로 안전하게 서행하여야 한다.

349 ✦✦✦

편도 3차로의 일반도로에서 자전거의 주행차로는?

① 1차로 ② 2차로
③ 3차로 ④ 구분이 없다.

해설 **(자전거등의 통행방법의 특례)** 제2항 자전거도로가 설치되지 아니한 곳에서는 도로 우측가장자리에 붙어서 통행하여야 한다.

350 ✦✦

전방에 자전거가 주행 중일 때 이륜자동차 운전자의 가장 바람직한 운전방법은?

① 경음기를 계속 울려 자전거가 가장자리로 피할 수 있도록 유도한다.
② 자전거가 넘어질 수 있으므로 안전거리를 충분히 유지한다.
③ 자전거가 알아서 주의할 것이므로 그대로 진행한다.
④ 중앙선을 넘어 충분한 공간을 확보한 후 속도를 높여 진행한다.

해설 앞서가는 자전거를 발견하면 자전거가 넘어질 수 있으므로 안전거리를 충분히 유지한다. 무리하게 자전거를 앞지르기 하는 것은 위험할 수 있으므로 충분한 간격을 두고 자전거의 움직임에 유의하며 진행한다.

351 ✦✦✦

다음 중 자전거횡단도를 이용할 수 있는 것으로만 묶인 것은?

① 이륜자동차, 자전거
② 원동기장치자전거, 보행보조용의자차
③ 보행보조용의자차, 자전거
④ 전동 킥보드, 전동 이륜평행차

해설 자전거횡단도는 자전거만 이용할 수 있다.

352 ✦✦

이륜자동차의 연료절감 효과를 높이는 가장 바람직한 방법은?

① 급출발, 급정지는 가급적 하지 않는다.
② 타이어의 공기압은 항상 부족하게 한다.
③ 목적지까지 가능한 가속하여 빨리 간다.
④ 여유 공간에 짐을 가득 싣는다.

해설 이륜자동차의 연료절감 효과를 높이는 가장 바람직한 방법은 급출발, 급정지, 급가속, 급핸들 조작 등은 가급적 하지 않는 것이 연료절감에 매우 효과적이다.

353 ✦✦

친환경 · 경제운전을 하기 위한 올바른 운전습관이 아닌 것은?

① 공회전을 최소화한다.
② 경제속도를 유지한다.
③ 출발은 신속하고 빠르게 한다.
④ 관성주행을 활용한다.

해설 출발 전 공회전은 30초~1분 이내로, 정차 시 기어는 중립모드(N)로 한다. 도착 후 공회전은 30초~1분 이내로 출발은 여유 있게 정지는 서서히 하는 것이 바람직하다.

354 ✦✦✦

친환경 · 경제운전 방법으로 가장 알맞은 것은?

① 경제속도를 준수한다.
② 급가속과 급회전을 한다.
③ 이륜자동차 점검은 소모품 교환 시에만 한다.
④ 오르막길과 내리막길에서는 타력주행과 관성주행을 한다.

해설 급가속과 급회전을 삼가며 이륜자동차 점검은 수시 또는 정기적으로 하며 오르막길과 내리막길에서는 타력주행과 관성주행을 하지 않는 것이 좋으며 경제속도를 준수한다.

355 ✦✦✦

친환경 · 경제운전에 대한 설명으로 가장 알맞은 것은?

① 정보운전을 생활화하는 것이 좋다.
② 유사연료를 사용하면 연료절감이 된다.
③ 되도록 짐을 가득 싣는 것이 좋다.
④ 타이어는 장거리 주행 시나 명절 때만 점검한다.

해설 정보운전(사전운행계획, 교통정보 활용 등)을 생활화하는 것이 좋다. 유사연료는 절대 사용하지 말고 되도록 짐은 적당히 싣고 타이어는 수시로 점검한다.

356 ✦

다음 중 친환경 운전을 잘 실천하고 있지 않은 운전자는?

① 타이어 공기압을 항상 적정하게 유지하는 운전자
② 정속 주행을 생활화하고 급가속을 하지 않는 운전자
③ 급출발이나 급제동을 하지 않는 운전자
④ 에어컨을 항상 켜고 주행하는 운전자

해설 에어컨은 필요시만 켤 수 있도록 하며 처음에 켤 때는 고단으로 켠 후 저단으로 낮추는 것이 효율적이다.

357 ✦

자동차등을 운행 시 가장 연료를 절약할 수 있는 속도를 일컫는 용어는?

① 최저속도 ② 최고속도
③ 경제속도 ④ 법정속도

해설 연료를 절약할 수 있는 가장 좋은 속도는 경제속도이다.

358 ✦✦✦

연비를 높일 수 있는 가장 좋은 운전방법은?

① 타이어 공기압을 낮춘다.
② 연료는 수시로 가득 채운다.
③ 주행할 때는 저단기어를 주로 사용한다.
④ 트렁크에 불필요한 짐을 싣지 않는다.

해설 타이어 공기압을 낮추거나 연료를 수시로 가득 채우는 경우 또는 저단 기어를 사용하는 경우, 차량의 중량을 늘리는 경우는 연비를 낮게 하는 대표적인 방법이다.

359 ✦✦✦

연비를 향상시키는데 가장 적합한 운전습관을 갖고 있는 운전자는?

① 출발할 때 항상 급출발하는 운전자
② 운행할 때 주로 정속주행 하는 운전자
③ 정차할 때 항상 급제동하는 운전자
④ 저단 기어로 주행하는 운전자

해설 급제동, 급가속, 급출발은 연료 소비를 증가시키므로 주의하고 정속주행하면 연료를 절감할 수 있다.

360 ✦✦✦

다음 중 연료를 절감할 수 있는 운전 방법으로 가장 알맞은 것은?

① 항상 최고속도 이상으로 주행한다.
② 내리막길에서는 시동을 끄고 내려온다.
③ 타이어 공기압을 낮춘다.
④ 급출발 · 급제동은 하지 않는다.

해설 급가감속은 연비를 낮추는 원인이 되고, 타이어 공기압을 지나치게 낮추면 타이어의 직경이 줄어들어 연비가 낮아지며, 내리막길에서 시동을 끄게 되면 브레이크 배력 장치가 작동되지 않아 제동이 되지 않으므로 올바르지 못한 운전 방법이다.

361 ✦✦

다음 중 친환경 운전에 해당하는 것은?

① 타이어 압력은 적정하게 유지할 필요가 없다.
② 정속 주행을 생활화하고 브레이크 페달을 자주 밟지 않는다.
③ 연료가 떨어질 때를 대비해 가득 주유한다.
④ 엔진 보호를 위해 공회전을 생활화한다.

해설 타이어 압력은 적정하게 유지해야 하며 정속 주행을 생활화하고 브레이크 페달을 자주 밟지 않는다. 연료는 적정량(최대저장용량의 1/2 또는 2/3정도) 주유하는 것이 좋다. 엔진 공회전은 연료소비와 환경오염의 주범이 된다.

362 ✦✦✦

친환경 경제운전을 가장 잘한 경우는?

① 교통 체증이 없더라도 경제속도로 정속 주행한다.
② 차량 수명 연장을 위해 평소 출발 전과 도착 후 5분씩 공회전을 한다.
③ 타이어의 접지면적을 증가시키기 위해 공기압을 5퍼센트 정도 낮게 유지한다.
④ 주행 안정성을 위해 트렁크에 약 10킬로그램 정도의 짐을 항상 유지한다.

해설 친환경 경제운전을 위해 급출발·급가속·급제동을 하지 않고, 경제속도 시속 80킬로미터를 유지하고, 불필요한 공회전을 자제하며 타이어 적정 공기압을 유지하고 자동차 무게를 가볍게 하며 불필요한 브레이크 사용을 줄여야 한다.

363 ✦✦✦

차도와 보도의 구분이 없는 도로에서 우측 가장자리로부터 중앙으로 50센티미터 이상의 거리를 두고 주차해야 하는 이유는?

① 자전거의 통행을 위해서
② 이륜자동차의 통행을 위해서
③ 보행자의 통행을 위해서
④ 차량의 통행을 위해서

해설 차도와 보도의 구분이 없는 도로에서 우측 가장자리로부터 중앙으로 50센티미터 이상의 거리를 두고 주차해야 하는 이유는 보행자의 통행을 위해서이다.

364 ✦✦✦

운전 중에 어떤 상황이 발생하면, 그 상황을 인지하고 어떻게 행동할 것인지를 (　　)한 다음 자동차의 핸들·등화장치 등을 조작하게 된다. 괄호 안에 맞는 것은?

① 인지　② 판단
③ 조작　④ 작동

해설 운전 중에 어떤 상황이 발생하면 그 상황을 인지하고, 어떻게 행동(운전)할 것인지를 판단한 다음 자동차의 핸들, 변속기어, 브레이크, 가속페달, 경음기, 등화장치 등을 조작하게 된다.

365 ✦✦✦

이륜자동차가 우로 굽은 커브 길에서 우측 전방의 자전거를 뒤따르고 있다. 다음 중 가장 안전한 운전 방법은?

① 회전 반경을 작게 하여 진행한다.
② 자전거와의 접촉을 피하기 위해 속도를 높여 앞서 간다.
③ 경음기를 울리며 신속히 진행한다.
④ 자전거와 접촉을 피하기 위해 안전거리를 두면서 서행한다.

해설 이륜자동차가 우로 굽은 커브 길에서 우측 전방의 자전거를 뒤따르고 있다. 다음 중 가장 안전한 운전방법은 자전거와 접촉을 피하기 위해 안전거리를 두면서 서행한다.

366 ✦✦

이륜자동차 운전자가 교차로 부근 최하위차로에서 자전거를 뒤따르고 있다. 다음 중 가장 안전한 운전 방법은?

① 자전거가 교차로에 이르기 전에 앞지르기한다.
② 자전거에 전조등을 번쩍인다.
③ 속도를 줄여 자전거와 안전거리를 둔다.
④ 왼쪽으로 자전거를 앞지르기한다.

해설 이륜자동차 운전자가 교차로 부근 최하위차로에서 자전거를 뒤따르고 있을 때 가장 안전한 운전방법은 속도를 줄여 자전거와 안전거리를 두는 것이다.

367 ✦✦

'움직이는 빨간 신호등'이라는 어린이의 행동 특성 중 가장 적절하지 않는 것은?

① 어린이는 생각나는 대로 곧바로 행동하는 경향이 있다.
② 건너편 도로에서 어머니가 부르면 좌·우를 확인하지 않고 뛰어가는 경향이 있다.
③ 횡단보도에 보행신호가 들어오자마자 앞만 보고 뛰는 경향이 있다.
④ 어린이는 행동이 매우 느리고 망설이는 경향이 있다.

해설 '움직이는 빨간 신호등'이라는 어린이의 행동특성은 어린이는 생각나는 대로 곧바로 행동하는 경향이 있으며 건너편 도로에서 어머니가 부르면 좌·우를 확인하지 않고 뛰어가는 경향이 있다. 그리고 횡단보도에 보행신호가 들어오자마자 앞만 보고 뛰는 경향이 있다.

368 ✦✦✦

다음 중 이륜자동차 특징에 대한 설명으로 적절하지 않은 것은?

① 이륜자동차는 보호막이 없고 균형 유지가 어렵다.
② 야간에는 이륜자동차가 잘 보이지 않는다.
③ 자동차 운전자의 시야를 벗어나지 않는다.
④ 구부러진 길에서 급제동하면 미끄러질 수 있다.

해설 1. 보호막이 없고 균형유지가 어렵다. 2. 커브길에서 미끄러질 수 있다. 3. 야간에는 오토바이가 잘 보이지 않는다. 4. 자동차 운전자의 시야를 벗어나기 쉽다. 5. 눈, 비가 올 때 급제동하면 미끄러지기 쉽다. 6. 1차 사고의 피해보다 2차 사고의 피해가 크다.

369 ✦✦

이륜자동차에 2인 승차 시 주의사항이다. 틀린 것은?

① 2인 승차는 균형을 잡기 어렵고 교통사고의 위험이 높아진다.
② 단독 승차 시보다 감속하여 운행하며 급제동을 하지 않도록 한다.
③ 뒷좌석 승차자가 옆으로 걸쳐 앉으면 균형 유지가 쉽다.
④ 눈, 비로 인하여 도로가 미끄러우면 2인 승차를 하지 않도록 한다.

해설 이륜자동차에 2인 승차는 균형을 잡기 어렵고 교통사고의 위험이 높아진다. 단독 승차 시보다 감속하여 운행하며 급제동을 하지 않도록 한다. 뒷좌석 승차자가 옆으로 걸쳐 앉으면 균형을 잃기 쉽다. 눈, 비로 인하여 도로가 미끄러우면 2인 승차를 하지 않는 것이 안전하다.

370 ✦✦✦

이륜자동차의 앞지르기 방법을 설명한 것이다. 맞는 것은?

① 이륜자동차는 앞차의 좌측으로 앞지르기할 수 있다.
② 진행 방향에 차들이 밀려 있는 경우 그 사이로 앞지르기할 수 있다.
③ 앞지르기하려는 방향으로 다른 차가 오고 있을 때 앞지르기할 수 있다.
④ 차량이 정체될 경우 길 가장자리구역으로 앞지르기할 수 있다.

해설 이륜자동차의 앞지르기 방법도 역시 다른 자동차와 마찬가지로 앞차의 좌측으로 앞지르기해야 한다.

371 ✦✦

이륜자동차 운전자의 주의사항이다. 틀린 것은?

① 자동차 운전자의 눈에 잘 띄지 않으므로 더욱 주의해야 한다.
② 차체의 균형 유지에 많은 주의를 기울여야 한다.
③ 이륜자동차는 바퀴가 2개이므로 승용차보다 제동력이 좋다.
④ 운전자의 안전을 위해 안전모는 반드시 착용해야 한다.

해설 자동차 운전자의 눈에 잘 띄지 않으므로 더욱 주의해야 하며 차체의 균형유지에 많은 주의를 기울여야 하고 이륜자동차는 바퀴가 2개이므로 승용차보다 제동력이 떨어진다.

372 ✦✦✦

다음 중 이륜자동차 타이어의 특성에 대한 설명이다. 맞는 것은?

① 타이어 단면 형상이 원형의 구조로 되어 있다.
② 트레드가 없는 구조로 되어 있다.
③ 앞바퀴와 뒷바퀴의 크기가 모두 같은 구조로 되어 있다.
④ 자동차 타이어보다 제동거리가 짧다.

해설 회전할 때 원심력과 균형 유지를 위해 타이어 단면 형상이 원형의 구조로 되어 있으며, 트레드가 있고, 앞바퀴와 뒷바퀴의 크기가 다르다.

373 ✦✦✦

이륜자동차가 차로를 변경할 때 가장 안전한 운전방법은?

① 뒤따르는 차와 거리가 있을 때 속도를 유지한 채 차로를 변경한다.
② 뒤따르는 차와 거리가 있을 때 가속하면서 차로를 변경한다.
③ 뒤따르는 차가 접근하고 있을 때 급감속하면서 차로를 변경한다.
④ 뒤따르는 차가 접근하고 있을 때 급차로를 변경한다.

해설 **차로변경 시 타이밍 잡는 법**
1. 뒤따르는 차와 거리가 있을 때 : 속도를 유지한 채 진로 변경, 속도를 유지하여 뒤차가 따라오지 않도록 한다.
2. 뒤따르는 차가 접근하고 있을 때 : 속도를 늦추어 뒤차를 먼저 통과시킨다. 가속하면서 진로 변경한다.

374 ✦

이륜자동차 운전자의 준수사항이다. 틀린 것은?

① 차를 급히 출발시키거나 속도를 급격히 높이지 않는다.
② 차의 원동기 동력을 바퀴에 전달시키지 아니하고 회전수를 증가시키지 않는다.
③ 야간에는 시야확보를 위해 안전모를 착용하지 않는다.
④ 좌우로 줄지어 통행하면서 교통상의 위험을 발생시키지 않는다.

해설 **운전자의 준수사항**
① 차등을 급히 출발시키거나 속도를 급격히 높이지 않는 행위 ② 차등의 원동기 동력을 바퀴에 전달시키지 아니하고 원동기의 회전수를 증가시키지 않는 행위 ③ 반복적이거나 연속적으로 경음기를 울리지 않는 행위 ④ 좌우로 줄지어 통행하면서 다른 사람에게 위해를 주거나 교통상의 위험을 발생시키지 않는 행위

375 ✦✦✦

이륜자동차의 운행 중 제동방법이다. 가장 안전한 운전방법은?

① 전륜 브레이크만 작동하는 것이 안전하다.
② 후륜 브레이크만 작동하는 것이 안전하다.
③ 전륜 브레이크와 후륜 브레이크를 동시에 작동하는 것이 안전하다.
④ 후륜 브레이크를 먼저 작동하고 전륜 브레이크를 나중에 작동하는 것이 안전하다.

해설 이륜자동차의 운행 중 제동방법이다. 가장 안전한 운전방법은 전륜 브레이크와 후륜 브레이크를 동시에 작동하는 것이 안전하다.

376 ✦✦

이륜자동차의 운행 전 점검사항이다. 틀린 것은?

① 이륜자동차의 구조 및 장치가 안전 기준에 적합하지 않으면 운행하지 않는다.
② 이륜자동차는 오랫동안 공회전을 해야만 출발할 때 부드러우며 연료 절감에도 도움이 된다.
③ 이륜자동차를 운전하기 전에 타이어의 공기압 및 마모상태 등을 확인한다.
④ 이륜자동차를 운전하기 전에 뒤쪽에서 진행하는 차량을 볼 수 있도록 후사경을 조절한다.

해설 이륜자동차는 오랫동안 공회전을 하면 출발할 때 절대적으로 부드러운 것은 아니며 친환경 경제운전에 반감되는 운전이다.

377 ✦✦✦

이륜자동차 운행 중 진로변경에 대한 설명이다. 맞는 것은?

① 진로변경이 금지된 지역이라도 이륜자동차는 진로변경이 가능하다.
② 이륜자동차는 가장 우측 차로만 이용할 수 있기 때문에 앞차의 좌측으로 앞지르기를 할 수 없다.
③ 구부러진 도로에서는 앞 차량의 우측부분으로 앞지르기를 할 수 있다.
④ 이륜자동차를 운전하던 중 진로를 변경할 때에는 후사경으로 보이지 않는 공간의 안전을 함께 확인한다.

해설 이륜자동차를 운전하던 중 진로를 변경할 때에는 후사경으로 보이지 않는 공간의 안전을 함께 확인한다.

378 ✦✦

이륜자동차가 도로의 모퉁이나 구부러진 길 운행 시 주의사항이다. 틀린 것은?

① 그 앞의 직선도로에서 충분히 속도를 줄인 후 서행으로 통과한다.
② 급 핸들이나 급브레이크 조작은 전복되거나 미끄러지게 된다.
③ 반대편 차가 중앙선을 넘어올 경우를 예상하고 속도를 높여 통과한다.
④ 같은 방향으로 우회전하는 차의 내륜차에 말려들지 않도록 주의한다.

해설 이륜자동차가 도로의 모퉁이나 구부러진 길 운행 시 반대편 차가 중앙선을 넘어올 경우를 예상하고 속도를 높여 통과하는 것은 매우 위험하므로 삼가야 한다.

379 ✦✦✦

이륜자동차가 교차로에서 우회전하고자 할 때 가장 큰 위험요인은?

① 반대편 도로의 직진 차
② 우측 도로의 직진 차
③ 반대편 도로의 좌회전 차
④ 반대편 도로의 우회전 차

해설 이륜자동차가 교차로에서 우회전하고자 할 때 가장 큰 위험요인은 반대편 도로의 좌회전 차라고 할 수 있다.

380 +++

이륜자동차가 비보호좌회전 교차로에서 좌회전 하고자 할 때 가장 큰 위험 요인은?

① 반대편 도로에서 정차 중인 덤프트럭
② 반대편 도로에서 직진하는 이륜자동차
③ 우측 도로에서 신호 대기 중인 버스
④ 반대편 도로에서 좌회전하는 승합차

해설 이륜자동차가 교차로에서 우회전하고자 할 때 가장 큰 위험요인은 반대편 도로에서 직진하는 차라고 할 수 있다.

381 +++

이륜자동차가 정지할 때 공주거리에 영향을 줄 수 있는 경우로 맞는 것은?

① 비가 오는 날 운전하는 경우
② 눈이 오는 날 운전하는 경우
③ 브레이크 장치가 불량한 상태로 운전하는 경우
④ 운전자가 피로한 상태로 운전하는 경우

해설 이륜자동차가 정지할 때 공주거리에 영향을 줄 수 있는 경우는 공주거리인데 공주거리는 운전자의 심신의 상태에 따라 영향을 주게 되기 때문이다.

382 +++

이륜자동차가 밤에 도로에서 운행하는 경우 켜야 하는 등화의 종류로 맞는 것은?

① 전조등, 차폭등 ② 전조등, 미등
③ 전조등, 번호등 ④ 전조등, 안개등

해설 이륜자동차가 밤에 도로에서 운행하는 경우 켜야 하는 등화의 종류는 전조등과 미등이다.

383 +++

도로교통법령상 이륜자동차의 적재용량은 안전기준을 넘지 아니 하여야 한다. 그 기준으로 틀린 것은?

① 높이는 지상으로부터 3미터의 높이
② 길이는 승차장치의 길이 또는 적재장치의 길이에 30센티미터를 더한 길이
③ 너비는 후사경의 높이보다 화물을 낮게 적재한 경우에는 그 화물을 확인할 수 있는 범위의 너비
④ 너비는 후사경의 높이보다 화물을 높게 적재한 경우에는 뒤쪽을 확인할 수 있는 범위의 너비

해설 이륜자동차의 적재용량은 지상으로부터 2미터의 높이이다.

384 +++

도로교통법상 편도 2차로 일반도로에서 이륜자동차의 법정속도는?(주거지역 · 상업지역 및 공업지역 제외)

① 매시 60킬로미터 이내
② 매시 70킬로미터 이내
③ 매시 80킬로미터 이내
④ 매시 90킬로미터 이내

해설 **(자동차등과 노면전차의 속도)** ① 자동차등과 노면전차의 도로 통행 속도는 다음 각 호와 같다.

1. 일반도로(고속도로 및 자동차전용도로 외의 모든 도로를 말한다)
   가. 「국토의 계획 및 이용에 관한 법률」 제36조 제1항 제1호 가목부터 다목까지의 규정에 따른 주거지역 · 상업지역 및 공업지역의 일반도로에서는 매시 50킬로미터 이내. 다만, 시 · 도경찰청장이 원활한 소통을 위하여 특히 필요하다고 인정하여 지정한 노선 또는 구간에서는 매시 60킬로미터 이내
   나. 가목 외의 일반도로에서는 매시 60킬로미터 이내. 다만, 편도 2차로 이상의 도로에서는 매시 80킬로미터 이내

385 ✦✦✦

지하도 또는 육교 등 도로횡단시설을 이용할 수 없는 지체장애인 등이 도로를 횡단하고 있을 경우 이륜자동차 운전자의 바람직한 운전방법은?

① 서행으로 통과한다.
② 일시정지해야 한다.
③ 신속하게 비켜 통과한다.
④ 경음기를 울려 주의를 주면서 통과한다.

해설 지하도 또는 육교 등 도로횡단시설을 이용할 수 없는 지체장애인 등이 도로를 횡단하고 있을 경우 이륜자동차는 일시정지해야 한다.

386 ✦✦

횡단보도가 설치되어 있지 아니한 도로를 보행자가 횡단하고 있는 것을 보았을 때 이륜자동차 운전자의 행동이다. 맞는 것은?

① 안전거리를 두고 서행한다.
② 안전거리를 두고 일시정지한다.
③ 경음기를 울리고 서행한다.
④ 감속하면서 보행자 뒤로 서행한다.

해설 횡단보도가 설치되어 있지 아니한 도로를 보행자가 횡단하고 있는 것을 보았을 때 이륜자동차 운전자안전거리를 두고 일시정지해야 한다.

387 ✦✦✦

이륜자동차의 정지거리에 대한 설명이다. 맞는 것은?

① 화물을 적재한 경우 정지거리가 짧아진다.
② 공주거리는 브레이크가 듣기 시작하여 차가 정지하기까지의 거리를 말한다.
③ 정지거리는 공주거리에 제동거리를 합한 거리를 말한다.
④ 제동거리는 운전자가 브레이크 페달을 밟아 브레이크가 실제 듣기 시작하기까지의 주행한 거리를 말한다.

해설 정지거리는 공주거리에 제동거리를 합한 거리를 말한다.

388 ✦✦✦

이륜자동차가 앞서 가는 차를 앞지르기하려고 한다. 이때 가장 안전한 상황은?

① 앞지르려는 경우 반대방향에서 차가 오고 있을 때
② 앞차가 좌회전하기 위해 좌측으로 진로를 변경하는 때
③ 앞차가 다른 차를 앞지르려고 하는 때
④ 앞차가 다른 차와 충분한 거리를 확보하고 있을 때

해설 이륜자동차가 앞서 가는 차를 앞지르기하려고 할 때 가장 안전한 상황은 앞차가 다른 차와 충분한 거리를 확보하고 있을 때이다.

389 ✦✦✦

이륜자동차 운전 중 앞지르기하려는 차를 발견하였다. 가장 안전한 운전 방법은?

① 속도를 높여 경쟁한다.
② 앞지르기를 하는 차의 앞을 가로막는다.
③ 계속 경음기를 울려 주의를 준다.
④ 앞 차와 충분한 안전거리를 유지한다.

해설 이륜자동차 운전 중 앞지르기하려는 차를 발견하였을 때 가장 안전한 운전 방법은 앞 차와 충분한 안전거리를 유지하는 것이다.

390 ✦✦✦

이륜자동차 운전자의 안전운전에 대한 설명이다. 맞는 것은?

① 횡단보도에 보행자가 있을 때에는 서행하여야 한다.
② 제1종 특수면허로로 126시시 이상 이륜자동차를 운전한다.
③ 안전지대에 보행자가 있을 때에는 안전거리를 두고 서행하여야 한다.
④ 125시시 초과 이륜자동차는 운전자만 안전모를 착용하면 된다.

해설 이륜자동차 운전자는 횡단보도에 보행자가 있을 때에는 일시정지하여야 하며 제1종 특수면허로 125시시 이하의 이륜자동차를 운전할 수 있고, 이륜자동차는 운전자와 동승자 모두 안전모를 착용해야 한다. 안전지대에 보행자가 있을 때에는 안전거리를 두고 서행하여야 한다.

391 ✦✦✦

이륜자동차가 안개지역을 주행할 때 안전운전행동이다. 틀린 것은?

① 전조등, 비상등을 켜고 충분히 감속하되 급가속·급감속을 삼가 한다.
② 앞차의 미등, 차선, 가드레일 등을 기준삼아 안전거리를 유지한다.
③ 터널 입구와 강변도로, 하천 인근 도로에서는 더욱 주의한다.
④ 가시거리가 100미터 이내인 경우에는 최고속도의 100분의 20을 줄인 속도로 운행한다.

해설 이륜자동차가 안개지역을 주행할 때는 100분의 50을 줄인 속도로 운행하여야 한다. 폭우·폭설·안개 등으로 가시거리가 100미터 이내인 때는 최고속도의 100분의 50을 줄인 속도

392 ✦✦✦

이륜자동차가 도로를 주행할 때 가장 안전한 운전방법은?

① 이륜자동차는 되도록 안전지대에 주차를 하는 것이 안전하다.
② 앞지르기할 경우 앞 차량의 우측 길 가장자리 쪽으로 통행한다.
③ 황색신호가 켜지면 신호를 준수하기 위하여 교차로 내에 정지한다.
④ 앞 차량이 급제동할 때를 대비하여 추돌을 피할 수 있는 거리를 확보한다.

해설 이륜자동차가 도로를 주행할 때 앞 차량이 급제동할 때를 대비하여 추돌을 피할 수 있는 거리를 확보한다.

393 ✦✦✦

이륜자동차가 빗길에서 고속 주행 중 앞차가 정지하는 것을 보고 급제동했을 때 발생하는 현상이다. 맞는 것은?

① 급제동 시에는 타이어와 노면의 마찰저항이 커져 미끄러지지 않는다.
② 빗길에서는 마찰력이 저하되어 제동거리가 길어진다.
③ 빗길에서는 마찰저항이 낮아 미끄러지는 거리가 짧아진다.
④ 건조한 노면에서 보다 마찰저항이 커져 핸들조작이 쉬워진다.

해설 이륜자동차가 빗길에서 고속 주행 중 앞차가 정지하는 것을 보고 급제동했을 때 발생하는 현상에서는 마찰력이 저하되어 제동거리가 길어진다.

394 ✦✦✦

이륜자동차가 자갈길이나 울퉁불퉁한 길을 운행할 때 가장 안전한 운전행동은?

① 핸들 조작은 최대한 크게 하는 것이 좋다.
② 미리 속도를 높여서 고단 기어를 사용하여 운전한다.
③ 차체의 균형에만 주의하면 된다.
④ 저단 기어를 사용하여 일정한 속도를 유지한다.

해설 이륜자동차의 자갈길 운전은 노면이 고르지 않고, 자갈로 인해 타이어 손상이나 핸들 움직임이 커질 수 있다. 최대한 핸들 조작을 작게 하면서 속도를 줄이고, 저단 기어를 사용하여 일정 속도를 유지하여 지나가는 것이 좋다.

395 ✦✦✦

이륜자동차의 운전자가 지켜야 할 통행방법에 대한 설명이다. 틀린 것은?

① 보도를 횡단하기 직전에 속도를 줄이고 서행으로 횡단하여야 한다.
② 보도와 차도가 구분된 도로에서는 차도로 통행하여야 한다.
③ 도로 외의 곳에 출입하는 때에는 보도를 횡단하여 통행할 수 있다.
④ 도로의 중앙으로부터 우측부분으로 통행하여야 한다.

해설 **(차마의 통행)**

① 차마의 운전자는 보도와 차도가 구분된 도로에서는 차도로 통행하여야 한다. 다만, 도로 외의 곳으로 출입할 때에는 보도를 횡단하여 통행할 수 있다.
② 제1항 단서의 경우 차마의 운전자는 보도를 횡단하기 직전에 일시정지하여 좌측과 우측 부분 등을 살핀 후 보행자의 통행을 방해하지 아니하도록 횡단하여야 한다.
③ 차마의 운전자는 도로(보도와 차도가 구분된 도로에서는 차도를 말한다)의 중앙(중앙선이 설치되어 있는 경우에는 그 중앙선을 말한다. 이하 같다) 우측 부분을 통행하여야 한다.

396 ✦✦✦

다음 중 이륜자동차 운전자의 의무 중 금지행위가 아닌 것은?

① 술에 취한 상태에서 운전하는 행위
② 무면허 상태에서 운전하는 행위
③ 과로한 상태에서 운전하는 행위
④ 전조등을 켜고 운전하는 행위

해설 이륜자동차 운전자의 의무 중 금지되는 행위에는 술에 취한 상태에서 운전하는 행위, 무면허 상태에서 운전하는 행위, 과로한 상태에서 운전하는 행위 등이 있다.

397 ✦✦

이륜자동차의 승차용 안전모로 가장 적합하지 않은 것은?

① 안전모 뒷부분에 반사체가 부착되어 있을 것
② 충격 흡수성이 있고 내관통성이 있을 것
③ 청력에 현저한 장애를 주지 아니할 것
④ 무게는 2킬로그램을 초과할 것

해설 이륜자동차의 승차용 안전모는 안전모 뒷부분에 반사체가 부착되어 있을 것, 충격 흡수성이 있고 내관통성이 있을 것, 청력에 현저한 장애를 주지 아니할 것

398 ✦✦✦

이륜자동차가 안개로 인해 가시거리가 100미터 이내인 도로를 운행할 때 가장 안전한 운전방법은?

① 최고속도의 100분의 20을 줄인 속도로 운행한다.
② 전방확인이 어려우므로 앞차를 바싹 따라간다.
③ 전방확인을 위해 전조등은 상향으로 조정한다.
④ 전조등이나 안개등을 켜고 상황에 따라 비상등을 켠다.

해설 이륜자동차가 안개로 인해 가시거리가 100미터 이내인 도로를 운행할 때 가장 안전한 운전방법은 전조등이나 안개등을 켜고 상황에 따라 비상등을 켠다. 시야 확보가 전혀 안 되는 경우에는 길 가장자리나 안전한 장소로 이동한 후 안개가 걷힐 때까지 잠시 주행을 멈추는 것도 필요하다.

399 ✦✦✦

일반도로에서 이륜자동차 운전자가 준수해야 할 속도가 아닌 것은?

① 법정속도 ② 제한속도
③ 최고속도 ④ 최저속도

해설 일반도로에서 이륜자동차 운전자가 준수해야 할 속도 법정속도, 제한속도, 최고속도이다.

400 ✦✦✦

이륜자동차가 고속도로나 자동차전용도로를 주행할 경우 처벌 내용으로 맞는 것은?(긴급이륜자동차 제외)

① 범칙금 6만원에 해당하는 통고처분 대상이다.
② 과태료 10만원 부과대상이다.
③ 30만원 이하의 벌금이나 구류의 대상이다.
④ 처벌규정이 없다.

해설 이륜자동차가 고속도로나 자동차전용도로를 주행할 경우 처벌은 30만원 이하의 벌금이나 구류의 대상이다.

401 ✦✦✦

이륜자동차가 자전거를 앞지르기 할 때 충분한 거리 및 공간을 두어야 하는 가장 큰 이유는?

① 자전거가 갑자기 넘어지지는 않기 때문에
② 자전거가 갑자기 멈출 수는 없기 때문에
③ 자전거는 좌·우측으로 흔들리지 않기 때문에
④ 자전거가 갑자기 방향 전환을 할 수 있기 때문에

해설 이륜자동차가 자전거를 앞지르기 할 때 충분한 거리 및 공간을 두어야 하는 가장 큰 이유는 자전거가 갑자기 방향 전환을 할 수 있기 때문이다.

402 ✦✦✦

이륜자동차가 신호등 없는 교차로 진입 시 우측 도로에서 교차로로 진입하려는 자전거를 발견하였다. 이때 가장 안전한 운전 방법은?

① 이륜자동차는 자전거보다 속도가 빠르므로 자전거가 양보할 것으로 기대하고 그대로 진행한다.
② 교차로를 먼저 진입하여 신속히 교차로를 빠져나간다.
③ 교차로 진입 전 일시정지하여 자전거가 교차로를 빠져나간 후 진행한다.
④ 경음기를 사용하여 주위를 환기하고 진행한다.

해설 이륜자동차가 신호등 없는 교차로 진입 시 우측 도로에서 교차로로 진입 하려는 자전거를 발견하였다. 이때 가장 안전한 운전 방법은 교차로 진입 전 일시정지하여 자전거가 교차로를 빠져나간 후 진행한다.

403 ✦✦✦

이륜자동차 운전 중 전방에 자전거가 가고 있을 때 가장 안전한 운전방법은?

① 자전거는 속도가 느리므로 재빨리 앞지르기한다.
② 자전거가 넘어질 수 있으므로 안전거리를 충분히 유지한다.
③ 자전거는 특별히 위험하지 않으므로 크게 신경쓰지 않아도 된다.
④ 경음기를 계속 사용하면서 주행한다.

해설 이륜자동차 운전 중 전방에 자전거가 가고 있을 때 가장 안전한 운전방법은 자전거가 넘어질 수 있으므로 안전거리를 충분히 유지한다.

404 ✦✦✦

이륜자동차 운전 중 전방에 자전거를 끌고 도로를 횡단하는 사람을 발견하였다. 이때 가장 안전한 운전 방법은?

① 자전거가 도로를 무단 횡단하는 것까지 보호할 의무는 없다.
② 안전거리를 두고 일시정지하여 안전하게 횡단할 수 있도록 한다.
③ 자전거와 안전거리를 두고 신속하게 통과한다.
④ 자전거를 예의 주시하면서 서행한다.

해설 이륜자동차 운전 중 전방에 자전거를 끌고 도로를 횡단하는 사람을 발견하였을 때 가장 안전한 운전 방법은 안전거리를 두고 일시 정지하여 안전하게 횡단할 수 있도록 한다.

405 ✦✦✦

이륜자동차가 눈길이나 빙판길 주행 중 갑자기 미끄러질 때 가장 안전한 운전 방법은?

① 브레이크를 빨리 밟는다.
② 고단 기어로 변속한다.
③ 미끄러지는 방향으로 핸들을 돌린다.
④ 미끄러지는 반대 방향으로 핸들을 돌린다.

해설 눈길이나 빙판길에서는 차가 방향을 잃고 미끄러지는 일이 많으므로 급 핸들 조작이나 급 브레이크 조작은 절대 삼가야 한다. 만약 주행 중에 차가 미끄러지는 경우에는 핸들을 미끄러지는 방향으로 돌려야 한다. 그렇지 않고 핸들을 반대 방향으로 돌리게 되면 차가 방향성을 잃고 더 미끄러져 도로를 이탈하게 된다.

406 ✦✦✦

이륜자동차가 주행 중 갑자기 발생할 수 있는 강풍이나 돌풍 지역에서 가장 안전한 운전 방법은?

① 속도를 높여 터널 입구, 다리 위 등을 신속히 벗어나야 안전하다.
② 강풍이 불면 이륜자동차는 차로를 이탈할 수 있으므로 바람에 이륜자동차를 맡겨야 한다.
③ 우리나라는 강풍이 부는 도로가 없기 때문에 크게 우려할 문제는 아니다.
④ 운전자는 절대 감속해야 하며 안전 운전에 집중하여야 한다.

해설 바람이 심하게 부는 때에는 감속과 함께 핸들을 양손으로 힘있게 붙잡고 주행 방향이나 속도변화에 따라 신중히 대처해야 한다. 특히 산길이나 고지대, 터널의 입구나 출구, 다리 등은 강풍이나 돌풍이 예상되는 곳이므로 안전 운전에 집중해야 한다.

407 ✦✦✦

이륜자동차의 야간 운전이 주간 운전보다 위험성이 높은 이유는?

① 상대적인 속도 감각의 안정으로 이어지는 안전 운전
② 집중력과 위험 대처 능력 향상
③ 물체 인식의 신속성과 정확성 향상
④ 물체 인식의 어려움과 시인성 저하

해설 주간 운전에 비해 야간 운전은 상대적으로 속도감이 저하되며 음주 운전을 하게 될 확률도 높아지면서 난폭 운전으로 이어질 수 있다. 야간에는 시인성이 크게 떨어진다.

408 ✦✦

이륜자동차 운행 및 관리점검에 대한 설명이다. 틀린 것은?

① 배기량 125시시 이륜자동차도 번호판을 부착해야 한다.
② 운전자와 동승자 모두 안전모를 착용해야 한다.
③ 타이어, 연료상태 등은 항상 출발 후 점검하는 습관을 가지는 것이 좋다.
④ 과로 등으로 몸이 피로한 때에는 운전을 하지 않는 것이 좋다.

해설 이륜자동차 운행 및 관리점검 출발 전 타이어, 연료 등의 상태를 점검하는 습관을 가지는 것이 좋다.

409 ✦

이륜자동차 운전 시 안전모를 반드시 착용해야 하는 이유는?

① 운전 중 졸음과 피로감을 줄이기 위하여
② 운전 중 적절한 안전거리를 유지하기 위하여
③ 운전 중 보다 넓은 시야 확보를 위하여
④ 운전 중 교통사고로부터 머리를 보호하기 위하여

해설 이륜자동차 운전 시 안전모를 반드시 착용해야 하는 이유는 운전 중 교통사고로부터 머리를 보호하기 위함이 가장 크다.

410 ✦✦✦

도로교통법령상 이륜자동차 운전자가 오전 8시부터 오후 8시까지 사이에 어린이 보호구역 안에서 제한속도를 10km/h 초과한 경우 부과되는 벌점으로 맞는 것은?

① 10점 ② 15점
③ 20점 ④ 30점

해설 어린이보호구역 안에서 오전 8시부터 오후 8시까지 사이에 제한속도를 20km/h 이내에서 초과한 경우에는 벌점 15점을 부과한다.

411 ✦✦✦

다음 중 이륜자동차 운전의 특성에 대한 설명이 아닌 것은?

① 운전자의 신체가 외부에 노출되어 있다.
② 회전하고자 하는 방향으로 차체와 운전자의 몸을 기울여서 회전한다.
③ 승용자동차에 비해 기동성이 뛰어나다.
④ 이륜자동차의 브레이크는 뒷바퀴만 작동된다.

해설 이륜자동차의 브레이크는 앞바퀴와 뒷바퀴가 따로 작동된다.

412 ✦✦✦

다음 중 원동기장치자전거 운전 시 유의할 점은?

① 기동성이 부족하다.
② 승용자동차 운전자의 시야에 잘 띄지 않아 사고 위험성이 높다.
③ 차체가 크고 무겁다.
④ 차체의 균형 잡기가 쉽다.

해설 이륜자동차는 차체가 작고 가벼워 기동성이 뛰어나지만 차체의 균형 잡기가 어렵고 자동차 운전자의 시야에 잘 띄지 않아 사고 위험성이 높다.

413 ✦✦✦

이륜자동차 타이어의 단면 형상이 원형구조를 가지고 있는 이유로 가장 맞는 것은?

① 제동할 때 제동력을 높이기 위함이다.
② 차체 균형을 쉽게 잡을 수 있도록 하기 위함이다.
③ 회전할 때 원심력과 균형을 유지하기 위함이다.
④ 도로 바닥에 넘어지지 않도록 하기 위함이다.

해설 이륜자동차의 타이어의 단면 형상이 원형인 구조를 가지는 것은 회전할 때 원심력과 균형을 유지하기 위함이다.

414 ✦✦✦

다음 중 사륜자동차와 비교하였을 때 이륜자동차의 특성으로 볼 수 없는 것은?

① 뛰어난 기동성
② 넓은 시야 확보
③ 순간적인 가속도
④ 우수한 충격 흡수력

해설 운전자의 신체가 외부에 노출되어 있어 충돌 시 운전자가 공중으로 날아오르거나 도로 바닥에 넘어지는 등 매우 위험한 상황으로 이어진다.

415 ✦✦✦

다음은 이륜자동차가 급정지 시 제동효과를 높이기 위한 힘의 분배에 대한 설명이다. 맞는 것은?

① 앞바퀴에 많이 가해지도록 되어 있다.
② 뒷바퀴에 많이 가해지도록 되어 있다.
③ 양쪽 바퀴 서로 균등하게 가해지도록 되어 있다.
④ 양쪽 바퀴 서로 힘의 분배를 하지 않도록 되어 있다.

해설 이륜자동차가 급제동할 때 제동효과를 높이기 위해 제동할 때 힘의 분배를 앞바퀴에 많이 가해지도록 되어 있다.

416 ✦✦✦

이륜자동차가 커브 길에서 급제동 할 경우 ( )이 작동하여 미끄러져 넘어지기 쉽다. ( )에 가장 맞는 것은?

① 충격력 ② 원심력
③ 관성 ④ 마찰력

해설 이륜자동차가 커브 길에서 급제동하면 원심력이 작용하여 미끄러져 넘어지기 쉽다.

417 ✦✦✦

이륜자동차를 운전할 때 차선을 침범하면서 차량 사이로 통행하면 안 되는 이유로 맞는 것은?

① 순간적인 가속도가 떨어지기 때문이다.
② 기동성 확보가 어렵기 때문이다.
③ 차체 균형 잡기가 어렵기 때문이다.
④ 사륜자동차의 사각지대에 들어가기 쉽기 때문이다.

해설 도로에서 사륜자동차와 나란히 운행할 때 사륜자동차의 사각지대에 들어가기 쉽기 때문에 매우 위험하다.

418 ✦✦✦

다음 중 이륜자동차가 방향을 전환하거나 회전할 때 사용하는 방법으로 가장 중요한 것은?

① 이륜자동차 발판에 발을 놓는 위치
② 브레이크 장치를 조작하는 것
③ 기어를 변속하는 것
④ 운전자의 몸을 기울이는 것

해설 이륜자동차가 방향을 전환하거나 회전할 때 가장 영향을 미치는 것은 전환하는 방향으로 차체와 운전자의 몸을 기울여서 회전하기 때문이다.

419 ✦

다음 중 도로교통법령상 이륜자동차 승차용 안전모의 선정기준으로 잘못된 것은?

① 충격에 쉽게 벗어지는 구조일 것
② 충격 흡수성이 있고, 내관통성이 있을 것
③ 좌・우・상・하로 충분한 시야를 가질 것
④ 인체에 상처를 주지 않는 구조일 것

해설 이륜자동차 승차용 안전모는 충격으로 쉽게 벗어지지 아니하도록 고정시킬 수 있을 것

420 ✦✦

다음 중 도로교통법령상 이륜자동차 승차용 안전모의 무게기준으로 맞는 것은?

① 1킬로그램 이하 ② 1.5킬로그램 이하
③ 2킬로그램 이하 ④ 2.5킬로그램 이하

해설 이륜자동차 승차용 안전모는 2킬로그램 이하일 것

421 ✦✦

다음은 이륜자동차 승차용 안전모의 차광용 유리를 선택할 때 주의사항이다. 잘못된 것은?

① 햇빛으로부터 운전자의 시야를 보호하기 위해서는 짙은 색깔이어야 한다.
② 빛의 각도를 왜곡하지 않아야 한다.
③ 물체의 거리를 제대로 식별할 수 있어야 한다.
④ 안전사고 시 유리 파편으로 인한 상처를 보호하기 위한 안전유리를 선택하여야 한다.

해설 승차용 안전모의 차광용 유리는 너무 어둡지 않아야 물체의 거리 등을 식별할 수 있고, 빛의 각도를 왜곡하지 않는지 확인한다. 만일의 사고로 인해 유리 파편이 운전자의 얼굴에 치명적인 상처를 예방하기 위해 안전유리를 선택하여야 한다.

422 ✦✦

다음 중 운전자 자신에게 맞는 이륜자동차 승차용 안전모를 선택하는 방법으로 잘못된 것은?

① 규격에 맞는 것을 선택한다.
② 시인성이 좋은 것을 선택한다.
③ 용도에 맞는 것을 선택한다.
④ 자신의 머리 크기보다 약간 큰 것을 선택한다.

해설 자신에게 맞는 승차용 안전모를 선택하는 방법은 머리 크기에 맞는 것, 규격에 맞는 것, 용도에 맞는 것, 시인성이 좋은 것을 선택하여야 한다.

423 ✦✦✦

다음 중 이륜자동차 승차용 안전모 착용에 대한 설명으로 잘못된 것은?

① 안전모는 사고 때 머리 및 얼굴 보호 목적이다.
② 안전모를 착용할 때 턱 끈은 약간 느슨하게 맨다.
③ 충격을 흡수하기 때문에 충격 완화에 도움을 준다.
④ 안전모는 앞으로 숙여서 착용하거나 뒤로 젖혀서 착용해서는 안 된다.

해설 안전모를 착용할 때 턱 끈을 단단히 조여서 확실히 매지 않으면 소용이 없다.

424 ✦✦✦

이륜자동차 안전운전에 대한 설명이다. 잘못된 것은?

① 커브 진입할 때 커브의 크기에 맞추어 감속하여야 한다.
② 회전할 때에는 감·가속을 하기 보다는 일정한 속도를 유지하는 것이 안전하다.
③ 커브길에서는 아웃-아웃-아웃 코스로 주행하는 것이 안전하다.
④ 회전할 때에는 핸들 조향보다는, 운전자의 몸을 안쪽으로 기울여 린 위드를 유지하며 진행하는 것이 가장 안전하다.

해설 이륜자동차는 커브길을 안전하게 진행하려면 아웃-인-아웃의 방법으로 진행하는 것이 주행 안정성을 유지하기에 용이하고, 코너링 할 때에는 린 위드, 린 인, 린 아웃의 방법 중 승차자의 무게 중심과 이륜자동차의 무게 중심이 겹치는 린 위드 방식이 가장 안정적이다.

425 ✦✦

다음은 이륜자동차 운전자의 시야와 시점에 대한 설명이다. 맞는 것은?

① 좌·우가 길고 수평선이 낮다.
② 위·아래가 길고, 수평선이 높다.
③ 좌·우가 짧고 수평선이 높다.
④ 위·아래가 짧고, 수평선이 낮다.

해설 이륜자동차 운전자의 시야와 시점은 위·아래가 길고, 수평선이 높고, 자동차 운전자의 시야와 시점은 좌·우가 길고 수평선이 낮다.

426 ✦✦✦

다음은 이륜자동차를 운전할 때 시야와 시점의 분배에 대한 설명이다. 맞는 것은?

① 시점은 가까이 두고, 시야는 좁게 가져야 한다.
② 시점은 멀리 두고, 시야는 넓게 가져야 한다.
③ 시점은 멀리 두고, 시야는 좁게 가져야 한다.
④ 시점은 가까이 두고, 시야는 넓게 가져야 한다.

해설 이륜자동차를 운전할 때 시점은 멀리 두고, 시야는 넓게 가져야 한다.

427 ✦✦✦

다음은 이륜자동차의 주행위치에 대한 설명이다. 적절하지 못한 것은?

① 주행하는 차로의 가장자리로 주행한다.
② 주행하는 차로의 중앙으로 주행한다.
③ 차와 차 사이를 무리하게 끼어들지 않도록 한다.
④ 다른 자동차의 운전자 눈에 쉽게 띄는 위치를 선택한다.

해설 이륜자동차는 주행하는 차로의 중앙으로 주행하고 차와 차 사이를 무리하게 끼어들지 않도록 한다.

428 ✦✦

다음은 이륜자동차의 복장에 대한 설명이다. 적절하지 못한 것은?

① 신체를 보호할 수 있고, 눈에 잘 띄는 밝은 계통의 옷을 입는다.
② 손가락 움직임이 편한 가죽 장갑을 착용한다.
③ 야간 운전에 대비해 반사체 등을 부착하면 좋다.
④ 여름에는 샌들 등 통풍이 좋은 신발을 신고, 겨울에는 목이 긴 가죽소재 부츠 등이 좋다.

해설 슬리퍼, 샌들 등은 기어와 브레이크 조작을 어렵게 하는 요인이며 사고의 발생을 높이고 사고발생 시 부상의 위험이 높아 착용하지 않도록 한다.

429 ✦

이륜자동차 운전자의 올바른 운전 자세에 대한 설명이다. 잘못된 것은?

① 어깨 : 힘을 빼고 등을 바르게 세운다.
② 얼굴 : 턱을 당기고, 눈은 전방을 주시한다.
③ 발 : 발판에 올리고, 발끝은 전방을 향하고 발바닥은 지면과 평행되게 한다.
④ 손 : 휴대전화 조작을 위해 한손으로 운전한다.

해설 안전한 운전을 위해서는 조향장치를 두 손으로 꼭 잡고 운전해야 한다.

430 ✦✦

다음은 이륜자동차의 주행 특성에 대한 설명이다. 잘못된 것은?

① 사륜자동차와 달리 과속방지턱이나 돌 등을 피해서 주행하기 때문에 주행 차로 주변을 보는 경향이 있다.
② 사륜자동차와 달리 바람의 영향을 운전자가 직접 받기 때문에 핸들조정에 어려움이 있다.
③ 커브 길을 돌 때에는 핸들조작만을 사용하여 방향을 전환한다.
④ 커브 길을 돌 때에는 엔진브레이크를 사용하여 미리 속도를 줄인다.

해설 커브 길을 돌 때에는 핸들만 조작하는 것이 아니라 차체를 기울여서 전환하여야 한다.

431 ✦✦✦

다음은 이륜자동차의 2인 승차(텐덤, tandem)에 대한 설명으로 적절하지 않는 것은?

① 무게가 증가하여 가속력은 높아지고 원심력은 작아진다.
② 운전자와 동승자의 일체화된 균형이 매우 중요하다.
③ 감속할 때 운전자와 동승자의 호흡이 매우 중요하기 때문에 미리 동승자에게 방법을 설명한다.
④ 눈이나 비가 와서 노면이 미끄러울 때에는 동승하지 않는다.

해설 동승자가 있는 경우는 무게가 증가하여 가속력은 떨어지고 원심력은 커진다.

432 ✦

승용자동차 운전 중 이륜자동차를 만났을 때 주의해야 할 특징이 아닌 것은?

① 이륜자동차가 다른 자동차들 사이로 주행하는 경우는 없다.
② 교차로에서 우회전할 때 말려드는 사고의 위험성이 존재함을 이해한다.
③ 승용자동차에 비해 차체가 작아서 사각지대에 들기 쉽다.
④ 서로 확인할 수 있는 위치임에도 차체가 작아서 멀리 있다고 판단하기 쉽다.

해설 이륜자동차가 다른 자동차들 사이로 주행하는 경우가 많아 교통사고 발생 빈도가 높다.

433 ✦✦✦

단면 형상이 원형 구조인 이륜자동차 타이어의 특성에 대한 설명이다. 가장 적절한 것은?

① 타이어 수명을 연장하기 위해서
② 승차감을 높이기 위해서
③ 연비를 높이기 위해서
④ 회전 시 원심력과 균형 유지를 위해서

해설 이륜자동차 타이어의 단면 형상이 원형 구조인 것은 회전 시 원심력과 균형 유지를 위함이다.

434 ✦✦✦

이륜자동차 코너링 자세 중 포장도로에서 고속주행 시 사용하는 자세는 무엇인가?

① 린 위드(lean with)
② 린 아웃(lean out)
③ 린 브레이크(lean brake)
④ 린 인(lean in)

해설 **린 인(lean in)**
린 아웃의 반대로 이륜자동차를 많이 기울이지 않고 운전자가 안쪽으로 상체를 기울이는 자세로 시야는 좋지 않으나 포장도로에서 고속주행 시 사용하는 자세

435 ✦✦✦

다음 중 이륜자동차 코너링 자세 중 비포장도로에서 사용하는 자세는 무엇인가?

① 린 위드(lean with)
② 린 아웃(lean out)
③ 린 브레이크(lean brake)
④ 린 인(lean in)

해설 **린 아웃(lean out)**
이륜자동차 내측으로 기울인 각도보다 운전자가 상체를 일으킨 자세로 시야가 넓으며 비포장도로에서 사용하는 자세

436 ✦✦✦

다음 중 이륜자동차 코너링 자세 중 가장 기본적인 자세로 차체와 같은 각도로 운전자의 몸을 안쪽으로 기울이는 방법은?

① 린 위드(lean with)
② 린 아웃(lean out)
③ 린 브레이크(lean brake)
④ 린 인(lean in)

해설 **린 위드(lean with)**
이륜자동차와 운전자가 똑같은 경사 각도를 이루어 내측으로 기울이는 자세로 가장 기본적이며 안정된 자세

437 ✦✦

다음 중 이륜자동차의 곡선구간 주행방법으로 잘못된 것은?

① 커브 진입 시 커브의 크기에 맞추어 감속한다.
② 시야는 좁게 하고 시점은 가깝게 한다.
③ 회전할 때는 일정한 속도를 유지한다.
④ 원심력과 중력과의 균형을 잘 이루어야 한다.

해설 시야는 넓게 하고 시점은 멀리하면서 자연스럽게 회전한다.

438 ✦✦✦

다음 중 이륜자동차에 사용되는 브레이크의 종류가 아닌 것은?

① 앞바퀴 브레이크
② 뒷바퀴 브레이크
③ 배기 브레이크
④ 엔진 브레이크

해설 배기 브레이크는 대형차에 사용하는 브레이크이고, 이륜자동차에는 앞바퀴 브레이크와 뒷바퀴 브레이크, 엔진 브레이크가 사용된다.

439 ✦✦✦

다음 중 이륜자동차 특성으로 맞는 것은?

① 후사경으로 볼 수 없는 사각지대가 발생하지 않는다.
② 제동할 때에는 엔진 브레이크를 사용할 수 없다.
③ 커브 길을 돌 때 속도를 낮출 필요가 없다.
④ 속도가 느려지거나 정지하면 넘어지려 한다.

해설 2개의 바퀴를 사용하기 때문에 차체의 균형 잡기가 어렵고 속도가 느려지거나 정지하면 넘어지려는 특징이 있다.

440 ✦✦✦

다음은 이륜자동차 특성에 대한 설명이다. 잘못된 것은?

① 이륜자동차 운전자의 복장은 눈에 잘 띄는 소재로 구성된 옷과 가죽제품의 장갑과 신발 및 보호대를 갖추어야 한다.
② 이륜자동차 브레이크는 앞바퀴와 뒷바퀴가 동시에 작동되도록 되어 있다.
③ 승용자동차보다 뛰어난 기동성과 넓은 시야를 확보할 수 있다.
④ 일반적으로 승용자동차에 비해 순간 가속도가 우수한 편이다.

해설 이륜자동차 브레이크는 앞바퀴와 뒷바퀴를 따로 조작할 수 있도록 되어 있다.

441 ✦✦✦

다음 안전표지가 뜻하는 것은?

① 노면이 고르지 못함을 알리는 것
② 터널이 있음을 알리는 것
③ 과속방지턱이 있음을 알리는 것
④ 미끄러운 도로가 있음을 알리는 것

해설 과속방지턱, 고원식 횡단보도, 고원식 교차로가 있음을 알리는 것

442 ✦✦

다음 안전표지에 대한 설명으로 맞는 것은?

① 100미터 앞부터 낭떠러지 위험 구간이므로 주의
② 100미터 앞부터 공사 구간이므로 주의
③ 100미터 앞부터 강변도로이므로 주의
④ 100미터 앞부터 낙석 우려가 있는 도로이므로 주의

해설 낙석주의 표지판이며, 100미터 앞부터 주의구간시작을 나타낸다. 낙석의 우려가 있는 지점에 설치, 낙석 우려지점 전 30미터 내지 200미터의 도로우측에 설치한다.

443 ✦✦✦

다음 안전표지에 대한 설명으로 맞는 것은?

① 유치원 통원로이므로 자동차가 통행할 수 없음을 나타낸다.
② 어린이 또는 유아의 통행로나 횡단보도가 있음을 알린다.
③ 학교의 출입구로부터 2킬로미터 이후 구역에 설치한다.
④ 어린이 또는 유아가 도로를 횡단할 수 없음을 알린다.

해설 어린이 또는 유아의 통행로나 횡단보도가 있음을 알리는 것, 학교, 유치원 등의 통학, 통원로 및 어린이놀이터가 부근에 있음을 알리는 것

444 ✦✦✦

다음 안전표지가 있는 경우 안전 운전방법은?

① 도로 중앙에 장애물이 있으므로 우측 방향으로 주의하면서 통행한다.
② 중앙 분리대가 시작되므로 주의하면서 통행한다.
③ 중앙 분리대가 끝나는 지점이므로 주의하면서 통행한다.
④ 터널이 있으므로 전조등을 켜고 주의하면서 통행한다.

해설 도로의 우측방향으로 통행하여야 할 지점이 있음을 알리는 것

445 ✦✦

다음 안전표지가 뜻하는 것은?

① ㅓ 자형 교차로가 있음을 알리는 것
② Y 자형 교차로가 있음을 알리는 것
③ 좌합류 도로가 있음을 알리는 것
④ 우선 도로가 있음을 알리는 것

해설 좌합류 주의표지이다. 합류도로가 있는 지점에 설치하고 합류도로 전 50미터 내지 200미터의 도로우측에 설치한다.

446 ✦✦✦

다음 안전표지가 의미하는 것은?

① 편도 2차로의 터널
② 연속 과속방지턱
③ 노면이 고르지 못함
④ 굴곡이 있는 잠수교

해설 '노면 고르지 못함 표지' '노면이 고르지 못함을 알리는 것'으로 규정되어 있음

447 ✦✦✦

다음 안전표지가 의미하는 것은?

① 자전거 통행이 많은 지점
② 자전거 횡단도
③ 자전거 주차장
④ 자전거 전용도로

해설 '자전거 표지' '자전거 통행이 많은 지점이 있음을 알리는 것'이라고 규정되어 있음

448 ✦✦✦

다음 안전표지가 있는 도로에서 올바른 운전방법은?

① 눈길인 경우 고단 변속기를 사용한다.
② 눈길인 경우 가급적 중간에 정지하지 않는다.
③ 평지에서보다 고단 변속기를 사용한다.
④ 짐이 많은 차를 가까이 따라간다.

해설 **오르막경사를 오르는 경우** : 등판력를 높이고 시동을 유지하기 위해, 저단으로 변속
짐을 실은 차를 가까이 따라가는 경우 : 화물 추락으로 인한 사고 또는 앞차의 정지, 갑작스러운 서행으로 인하여 추돌사고가 발생할 수 있음
눈길 오르막경사를 오르는 경우 : 중간에 정지하면 미끄러움으로 등판할 수 없고, 고단으로 주행할 경우 미끄러움이 더해져 등판할 수 없음

449 ✦✦✦

다음 안전표지가 있는 도로에서의 안전운전 방법은?

① 신호기의 진행신호가 있을 때 서서히 진입 통과한다.
② 차단기가 내려가고 있을 때 신속히 진입 통과한다.
③ 철도건널목 진입 전에 경보기가 울리면 가속하여 통과한다.
④ 차단기가 올라가고 있을 때 기어를 자주 바꿔가며 통과한다.

해설 **(철길 건널목의 통과)** 모든 차의 운전자는 철길 건널목(이하 "건널목"이라 한다)을 통과하려는 경우에는 건널목 앞에서 일시정지하여 안전한지 확인한 후에 통과하여야 한다. 다만, 신호기 등이 표시하는 신호에 따르는 경우에는 정지하지 아니하고 통과할 수 있다.
모든 차의 운전자는 건널목의 차단기가 내려져 있거나 내려지려고 하는 경우 또는 건널목의 경보기가 울리고 있는 동안에는 그 건널목으로 들어가서는 아니 된다.

450 ✦✦

다음 안전표지의 뜻으로 맞는 것은?

① 일렬주차표지　② 상습정체구간표지
③ 야간통행주의표지　④ 차선변경구간표지

해설 상습정체구간으로 사고 위험이 있는 구간에 설치, 상습정체구간 전 50미터에서 200미터의 도로우측에 설치

451 ✦✦✦

다음 안전표지에 대한 설명으로 맞는 것은?

① 폭설구간 주의표지이다.
② 도로공사중 주의표지이다.
③ 보행자보호구역 주의표지이다.
④ 낙석도로 주의표지이다.

해설 도로상이나 도로연변에서 공사나 작업을 하고 있음을 알리는 것으로 도로공사중임을 나타내는 주의표지이다. 도로상이나 도로연변에서 공사나 작업을 하는 경우에 그 양측에 설치하며, 도로공사중일 때에는 칸막이, 라바콘 등 필요한 안전시설과 같이 설치한다. 도로공사중인 지점 또는 구간 전 50미터 내지 1킬로미터의 도로우측에 설치하며, 200미터 내지 1킬로미터의 구간 내에 설치할 경우에는 보조표지를 붙인다.

452 ✦✦✦

다음 안전표지에 대한 설명으로 맞는 것은?

① 좌측방 통행 주의표지이다.
② 우합류 도로 주의표지이다.
③ 도로폭 좁아짐 주의표지이다.
④ 우측차로 없어짐 주의표지이다.

해설 편도 2차로 이상의 도로에서 우측차로가 없어질 때 설치

453 ✦✦

다음 안전표지에 대한 설명으로 맞는 것은?

① 안개가 자주 끼는 도로에 설치한다.
② 철새의 출현이 많은 도로에 설치한다.
③ 교량이나 강변 등 횡풍의 우려가 있는 도로에 설치한다.
④ 사람의 통행이 많은 도로에 설치한다.

해설 강한 횡풍의 우려가 있는 지점이 있음을 알리는 것으로 횡풍 주의표지이다. 횡풍의 우려가 있는 경우에 설치하며, 횡풍의 우려가 있는 지점 전 50미터 내지 200미터의 도로우측에 설치

454 ✦✦✦

다음 안전표지가 설치된 도로에서 가장 안전한 운전방법은?

① 횡단보도가 설치되어 있으므로 운전자는 속도를 높여 신속하게 주행한다.
② 횡단보도 200미터 전에 설치되어 있어 경음기를 울리면서 주행한다.
③ 보행자의 횡단을 금지하는 표지로 운전자는 안전하게 주행한다.
④ 횡단보도 주의표지로 운전자는 보행자의 안전에 유의하여야 한다.

해설 횡단보도가 있음을 알리는 것

455 ✦✦

다음 안전표지의 뜻으로 맞는 것은?

① 철길표지
② 교량표지
③ 높이제한표지
④ 문화재보호표지

해설 교량이 있는 경우에 설치, 교량 있는 지점 전 50미터에서 200미터의 도로우측에 설치

456 ✦✦✦

다음 안전표지의 뜻으로 맞는 것은?

① 최저 속도 제한을 해제
② 최고 속도 매시 50킬로미터의 제한을 해제
③ 50미터 앞부터 속도 제한을 해제
④ 차간거리 50미터를 해제

해설 최고속도 제한 규제표지와 해제 보조표지가 더해져 최고속도 50킬로미터의 제한을 해제한다는 것을 의미한다.

457 ✦✦✦

다음 안전표지가 있는 도로에서의 운전 방법으로 맞는 것은?

① 다가오는 차량이 있을 때에만 정지하면 된다.
② 도로에 차량이 없을 때에도 정지해야 한다.
③ 어린이들이 길을 건널 때에만 정지한다.
④ 적색등이 켜진 때에만 정지하면 된다.

해설 차가 일시 정지하여야 할 장소임을 지정하는 것으로 일시정지 규제표지이다. 차가 일시 정지하여야 하는 교차로 기타 필요한 지점의 우측에 설치한다.

458 ✦✦

다음 규제표지가 의미하는 것은?

① 커브길 주의
② 자동차 진입금지
③ 앞지르기 금지
④ 과속방지턱 설치 지역

해설 차의 앞지르기를 금지하는 도로의 구간이나 장소의 전면 또는 필요한 지점의 도로우측에 설치

459 ✦✦✦

다음 안전표지에 대한 설명으로 가장 옳은 것은?

① 이륜자동차 및 자전거의 통행을 금지한다.
② 이륜자동차 및 원동기장치자전거의 통행을 금지한다.
③ 이륜자동차와 자전거 이외의 차마는 언제나 통행할 수 있다.
④ 이륜자동차와 원동기장치자전거 이외의 차마는 언제나 통행할 수 있다.

해설 이륜자동차 및 원동기장치 자전거의 통행을 금지하는 구역, 도로의 구간 또는 장소의 전면이나 도로의 중앙 또는 우측에 설치

460 ✦✦✦

다음 안전표지에 관한 설명으로 맞는 것은?

① 화물을 싣기 위해 잠시 주차할 수 있다.
② 승객을 내려주기 위해 일시적으로 정차할 수 있다.
③ 주차 및 정차를 금지하는 구간에 설치한다.
④ 이륜자동차는 주차할 수 있다.

해설 차의 주차를 금지하는 것으로 주차금지 규제표지이다. 차의 주차를 금지하는 구역, 도로의 구간이나 장소의 전면 또는 필요한 지점의 도로우측에 설치하고 구간의 시작·끝 또는 시간의 보조표지를 부착·설치한다. 구간내 표지는 시가지도로는 200미터, 지방도로는 300미터, 자동차 전용도로는 500미터 간격으로 중복설치한다.

461 ✦✦

다음 안전표지에 대한 설명으로 맞는 것은?

① 좌회전 지시표지이다.
② 좌측차로 없어짐 주의표지이다.
③ 좌로굽은 도로 주의표지이다.
④ 좌회전금지 규제표지이다.

해설 차의 좌회전을 금지하는 도로의 우측에 설치한다.

462 ✦✦

다음 안전표지에 대한 설명으로 맞는 것은?

① 우회전 금지 규제표지이다.
② 우로굽은 도로 주의표지이다.
③ 우측차로 없어짐 주의표지이다.
④ 우회전 지시표지이다.

해설 차의 우회전을 금지하는 지점의 도로우측에 설치

463 ✦✦✦

다음 안전표지에 대한 설명으로 맞는 것은?

① 차간거리 확보 규제표지이다.
② 30번 고속도로 안내표지이다.
③ 30번 국도 안내표지이다.
④ 최저속도 제한 규제표지이다.

해설 자동차 등의 최저속도를 제한하는 도로의 구간 또는 필요한 지점의 우측에 설치한다.

464 ✦✦

다음 안전표지에 대한 설명으로 맞는 것은?

① 좌·우회전우선 규제표지이다.
② 직선도로 규제표지이다.
③ 일렬주행금지 규제표지이다.
④ 직진금지 규제표지이다.

해설 차의 직진을 금지해야 할 지점의 도로우측에 설치

465 ✦✦

다음 안전표지에 대한 설명으로 맞는 것은?

① 유턴금지 규제표지이다.
② 좌회전금지 규제표지이다.
③ 직진금지 규제표지이다.
④ 유턴 지시표지이다.

해설 차마의 유턴을 금지하는 도로의 구간이나 장소의 전면 또는 필요한 지점의 도로우측에 설치

466 ✦✦

다음 안전표지에 대한 설명으로 맞는 것은?

① 차폭 제한 규제표지이다.
② 차 높이 제한 규제표지이다.
③ 차간거리 확보 규제표지이다.
④ 차 길이 제한 규제표지이다.

해설 표지판에 표시한 높이를 초과하는 차(적재한 화물의 높이를 포함)의 통행을 제한하는 것

467 ✦✦✦

다음 안전표지에 대한 설명으로 맞는 것은?

① 긴급자동차 우선 지시표지이다.
② 도로가 좁아지거나 합류하는 지점 등에 설치한다.
③ 횡단보도 직전에 설치하는 노면표시이다.
④ 보행자우선 지시표지이다.

해설 차가 도로를 양보하여야 할 장소임을 지정하는 것으로 도로의 구간 기타 필요한 지점의 우측에 설치한다.

468 ✦✦✦

다음 안전표지가 설치된 도로에서 가장 안전한 운전방법은?

① 전방 50미터 위험물 규제표지로 주의하면서 주행한다.
② 앞차와 추돌방지 차간거리 규제표지로 50미터이상 차간거리를 확보한다.
③ 최저 속도 제한 규제표지로 시속 50킬로미터 이상으로 주행한다.
④ 최고 속도 제한 규제표지로 시속 50킬로미터 이하로 주행한다.

해설 표지판에 표시한 속도로 자동차 등의 최고속도를 지정하는 것

469 ✦✦✦

다음 안전표지에 대한 설명으로 맞는 것은?

① 보행자는 통행할 수 있다.
② 보행자뿐만 아니라 모든 차마는 통행할 수 없다.
③ 도로의 중앙 또는 좌측에 설치한다.
④ 이륜자동차는 통행할 수 있다.

해설 보행자 및 차마 등의 통행을 금지하는 구역, 도로의 구간 또는 장소와 도로의 중앙 또는 우측에 설치한다.

470 ✦✦✦

다음 안전표지에 대한 설명으로 맞는 것은?

① 도로 공사 중을 알리는 주의표지이다.
② 비탈길의 고갯마루 부근 또는 도로가 구부러진 부근 등에 설치한다.
③ 교차로를 알리는 주의표지이다.
④ 철길 건널목을 알리는 주의표지이다.

해설 차가 서행하여야 하는 도로의 구간 또는 장소의 필요한 지점 우측에 설치

471 ✦✦

다음 안전표지가 의미하는 것은?

① 좌측도로는 일방통행 도로이다.
② 우측도로는 일방통행 도로이다.
③ 모든 도로는 일방통행 도로이다.
④ 직진도로는 일방통행 도로이다.

해설 전방으로만 진행할 수 있는 일방통행임을 지시하는 것으로 일방통행 지시표지이다.
일방통행 도로의 입구 및 구간내의 필요한 지점의 도로 양측에 설치하고 구간의 시작 및 끝의 보조표지를 부착·설치하며 구간 내에 교차하는 도로가 있을 경우에는 교차로 부근의 도로양측에 설치한다.

472 ✦✦✦

다음 안전표지가 의미하는 것은?

① 자전거 전용차로이다.
② 자동차 전용도로이다.
③ 자전거 우선통행 도로이다.
④ 자전거 통행금지 도로이다.

해설 자전거만 통행하도록 지시 하는 것으로 자전거 전용차로 지시표시이다. 자전거만 통행할 수 있도록 지정된 차로의 위에 설치하며 자전거전용차로를 예고하는 보조표지를 50미터~100미터 앞에 설치할 수 있다.

473 ✦✦✦

다음 지시표지가 의미하는 것은?

① 도심부가 시작된다.
② 도시부의 도로임을 알리는 것이다.
③ 보행자 전용 도로임을 지시하는 것
④ 차의 주차를 금지하는 것

해설 | 도시부의 도로임을 알리는 것이다.

474 ✦✦

다음 안전표지에 대한 설명으로 맞는 것은?

① 고장차량 전용도로 지시표지이다.
② 자동차 전용도로 지시표지이다.
③ 승용차 전용도로 지시표지이다.
④ 긴급차량 전용도로 지시표지이다.

해설 | 자동차 전용도로 지시표지이다.

475 ✦✦✦

다음 안전표지에 대한 설명으로 맞는 것은?

① 우측면통행 지시표지이다.
② 우회로 지시표지이다.
③ 회전교차로 지시표지이다.
④ 타원형 유도 지시표지이다.

해설 | 표지판이 화살표 방향으로 자동차가 회전 진행할 것을 지시하는 것

476 ✦✦✦

다음 지시표지가 의미하는 것은?

① 개인형 이동장치의 통행을 금지할 것을 지시하는 것
② 보행자의 통행을 금지할 것을 지시하는 것
③ 차마가 유턴할 것을 지시하는 것
④ 개인형 이동장치 주차장이 있음을 알리고, 개인형 이동장치 주차장에 주차하도록 지시하는 것

해설 | 개인형 이동장치 주차장이 있음을 알리고, 개인형 이동장치 주차장에 주차하도록 지시하는 것이다.

477 ✦✦

다음 안전표지에 대한 설명으로 맞는 것은?

① 양측방 통행 지시표지이다.
② 양측방 통행 금지 지시표지이다.
③ 중앙 분리대 시작 지시표지이다.
④ 중앙 분리대 종료 지시표지이다.

해설 차가 양측 방향으로 통행할 것을 지시하는 것으로 양측방 통행 지시표지이다. 차가 양측방향으로 통행하여야 할 지점의 도로우측 또는 중앙에 설치한다.

478 ✦✦

다음 안전표지에 대한 설명으로 맞는 것은?

① 양측방 통행 지시표지이다.
② 좌·우회전 지시표지이다.
③ 중앙 분리대 시작 지시표지이다.
④ 중앙 분리대 종료 지시표지이다.

해설 차가 우회전 또는 좌회전할 것을 지시하는 것으로 좌·우회전 지시표지이다. 차가 좌회전 또는 우회전할 지점의 도로우측에 설치한다.

479 ✦✦✦

다음 안전표지가 설치된 도로에서 가장 안전한 운전방법은?

① 진행방향 신호가 적색인 경우에만 좌회전할 수 있다.
② 진행방향 신호에 관계없이 좌회전할 수 없다.
③ 황색 신호가 있는 경우에만 좌회전할 수 있다.
④ 진행신호 시 반대방면에서 오는 차량에 방해가 되지 않게 좌회전할 수 있다.

해설 진행신호 시 반대방면에서 오는 차량에 방해가 되지 아니하도록 좌회전을 조심스럽게 할 수 있다는 것

480 ✦✦✦

다음 안전표지에 대한 설명으로 맞는 것은?

① 노인보호구역(노인보호구역안)이 시작되는 지점에 설치한다.
② 노인보호구역의 도로 우측에만 설치한다.
③ 노인보호구역의 도로 좌측에만 설치한다.
④ 도로교통법상 노인은 60세 이상인 사람을 말한다.

해설 노인보호구역 안에서 노인의 보호를 지시하는 것으로, 노인보호구역이 시작되는 지점에 설치, 노인보호구역의 도로 양측에 설치

481 ✦✦

다음 노면표시가 의미하는 것은?

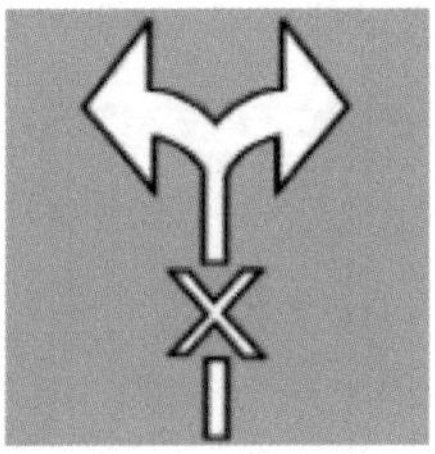

① 운전자는 좌·우회전을 할 수 없다.
② 운전자는 좌우를 살피면서 운전해야 한다.
③ 운전자는 좌·우회전만 할 수 있다.
④ 운전자는 우회전만 할 수 있다.

해설 차가 좌·우회전하는 것을 금지하는 것이다.

482 ✦

다음 노면표시가 의미하는 것은?

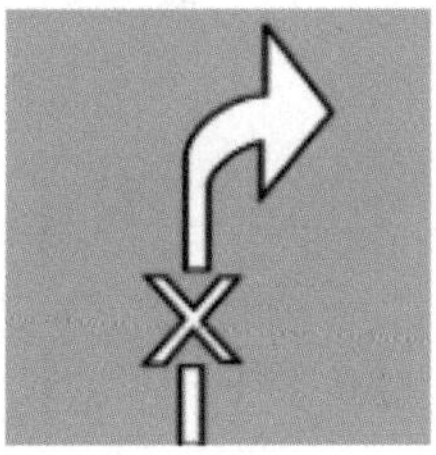

① 우회전 금지표시로 유턴할 수 없다.
② 우회전 금지표시로 우회전할 수 없다.
③ 우측 통행금지표시로 직진할 수 없다.
④ 좌우회전 금지표시로 좌우회전할 수 없다.

해설 차가 우회전하는 것을 금지하는 것이다.

483 ✦✦✦

다음 안전표지에 대한 설명으로 맞는 것은?

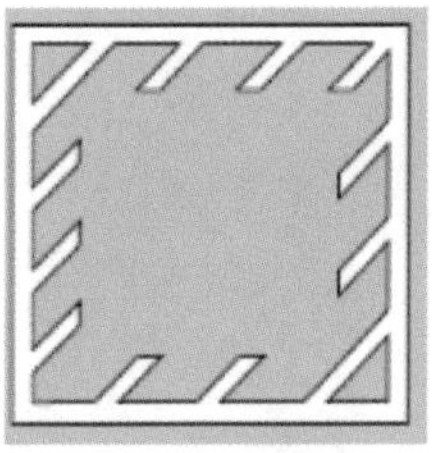

① 정차금지지대 노면표시이다.
② 안전지대 노면표시이다.
③ 직각주차 노면표시이다.
④ 직각횡단보도 노면표시이다.

해설 광장이나 교차로 중앙지점 등에 설치된 구획부분에 차가 들어가 정차하는 것을 금지하는 표시이다.

484 ✦✦

다음 안전표지에 대한 설명으로 맞는 것은?

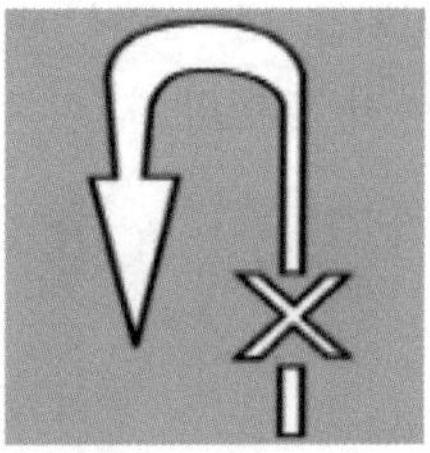

① 유턴금지 노면표시로 유턴할 수 없다.
② 좌회전금지 노면표시로 좌회진할 수 없다.
③ 유턴 노면표시로 순서에 따라서 안전하게 유턴할 수 있다.
④ 유턴금지 노면표시로 이륜자동차는 유턴할 수 있다.

해설 차마의 유턴을 금지하는 도로의 구간 또는 장소 내의 필요한 지점에 설치

485 ✦✦✦

다음 안전표지에 대한 설명으로 맞는 것은?

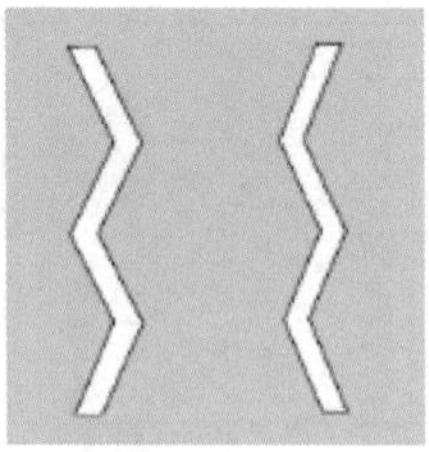

① 어린이보호구역, 횡단보도 주변 등 서행하여야 할 장소에 설치한다.
② 미끄러운 도로 주의표지이다.
③ 고원식횡단보도 노면표시이다.
④ 원동기장치자전거는 서행하면서 차로변경을 할 수 있다.

해설 어린이보호구역 등 차가 서행하여야 할 장소에서 보행자를 보호하기 위해 길가장자리 구역선이나 정차·주차 금지선을 지그재그형태로 설치

486 ✦✦✦

도로 구간 가장자리 또는 연석 측면에 황색실선으로 설치한 선의 뜻으로 맞는 것은?

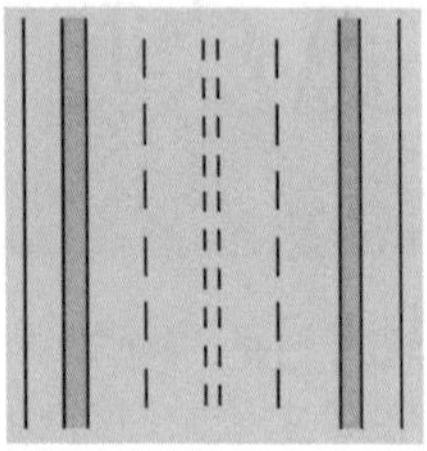

① 주차금지
② 정차금지
③ 정차·주차금지
④ 진로변경금지

해설 정차 및 주차를 금지하는 도로 구간 길 가장자리 또는 연석 측면에 설치(정차·주차금지표시)

487 ✦✦✦

차도와 보도의 구분이 없는 도로에 있어서 도로의 외측에 백색실선으로 설치하는 노면표시는?

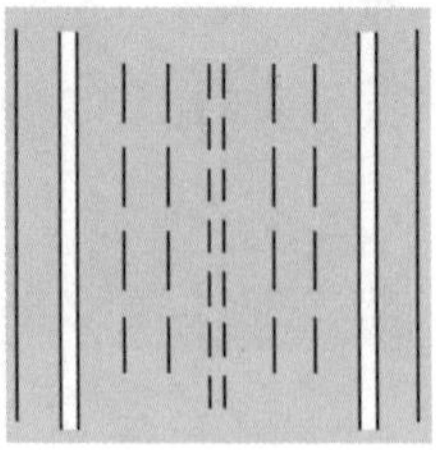

① 길 가장자리구역선 표시
② 유턴구역선 표시
③ 주차금지 표시
④ 진로변경 제한선 표시

해설 차도와 보도의 구분이 없는 도로에 있어서 길 가장자리구역을 설치하기 위하여 도로의 외측에 설치(길 가장자리 구역선 표시)

488 ✦✦✦

다음 유턴구역선 표시는 편도 ( ) 이상의 도로에서 설치할 수 있다. ( )안에 설치기준으로 맞는 것은?

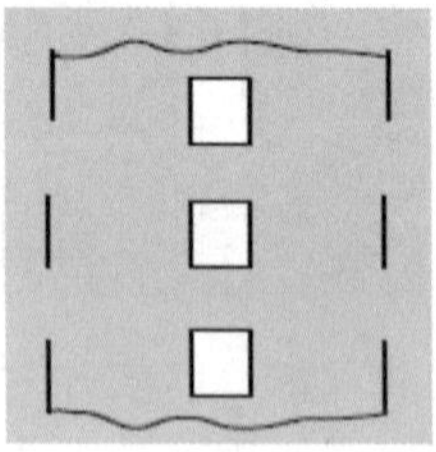

① 1차로　　② 2차로
③ 3차로　　④ 4차로

해설 편도 3차로 이상의 도로에서 차마의 유턴이 허용된 구간 또는 장소 내의 필요한 지점에 설치(유턴구역선 표시)

489 ✦✦✦

다음 좌회전 유도차로 표시는 교차로에서 좌회전 하려는 차량이 다른 교통에 방해가 되지 않도록 (　)등화 동안 교차로 안에서 대기하는 지점을 표시하는 노면표시이다. (　) 안에 등화로 맞는 것은?

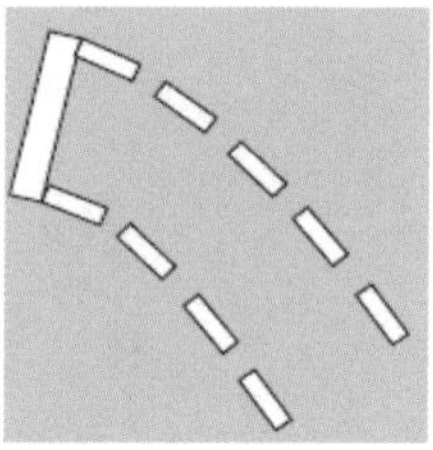

① 적색　② 황색
③ 녹색　④ 녹색 화살표

해설 교차로에서 좌회전하려는 차량이 다른 교통에 방해가 되지 않도록 녹색등화 동안 교차로 안에서 대기하는 지점을 표시하는 것(좌회전 유도 차로 표시)

490 ✦✦

다음 노면표시가 있을 때 좌회전할 수 있는 등화로 맞는 것은?

① 적색　② 황색
③ 녹색　④ 모든 신호

해설 녹색등화인 경우 비보호좌회전을 허용하고자 할 때 필요하다고 판단되는 장소에 설치(비보호좌회전 표시)

491 ✦✦

다음 안전표지에 대한 설명으로 맞는 것은?

① 100미터 앞부터 승합차 전용차로
② 100미터 앞부터 버스 전용차로
③ 100미터 앞부터 다인승 전용차로
④ 100미터 앞부터 자동차 전용차로

해설 버스전용차로가 시작되는 지점을 알리는 표지이다.

492 ✦✦✦

다음 안전표지에 대한 설명으로 맞는 것은?

① 진행방향 신호가 적색인 경우 횡단할 수 있다.
② 진행방향 신호가 적색인 경우 유턴할 수 있다.
③ 진행방향 신호가 적색인 경우 우회전할 수 있다.
④ 진행방향 신호가 적색인 경우 좌회전할 수 있다.

해설 진행방향 신호가 적신호인 경우 유턴할 수 있다는 표지이다.

493 ✦✦✦

다음 안전표지에 대한 설명으로 맞는 것은?

① 일요일 · 공휴일은 유턴할 수 있다.
② 일요일 · 공휴일 이외 날은 유턴할 수 있다.
③ 일요일 · 공휴일은 유턴할 수 없다.
④ 어떠한 경우에도 유턴할 수 없다.

해설 일요일 · 공휴일을 제외한 다른 날은 유턴할 수 없다는 표지이다.

494 ✦✦

다음 안전표지에 대한 설명으로 맞는 것은?

① 자동차와 이륜자동차는 21:00~07:00 통행 금지 표지
② 자동차와 이륜자동차 및 원동기장치자전거는 08:00~20:00 통행 금지표지
③ 자동차와 이륜자동차 및 보행자는 08:00~20:00 통행 금지표지
④ 자동차와 자전거는 08:00~20:00 통행 금지표지

해설 자동차와 이륜자동차 및 원동기장치자전거는 08:00~20:00 통행할 수 없다는 표지이다.

495 ✦✦✦

다음 안전표지가 설치된 도로에서 가장 안전한 운전방법은?

① 전방에 양측방 통행 도로가 있으므로 감속 운행한다.
② 전방에 장애물이 있으므로 감속 운행한다.
③ 전방에 중앙 분리대가 시작되는 도로가 있으므로 감속 운행한다.
④ 전방에 두 방향 통행 도로가 있으므로 감속 운행한다.

해설 중앙분리대가 시작되는 지점으로 감속 운행을 알리는 표지이다.

496 ✦✦

다음 안전표지가 의미하는 것으로 맞는 것은?

① 전방 200미터부터 노인보호구역이 시작됨을 알리는 것
② 후방 200미터부터 노인보호구역이 시작됨을 알리는 것
③ 노인보호 안전표지로부터 200미터 구간까지 노인보호구역임을 알리는 것
④ 전방 200미터 구간부터 노인보호구역이 종료됨을 알리는 것

해설 노인보호표지는 노인보호구역이 시작되는 지점에 설치, 보조표지는 구간의 시작을 표시하는 것(노인보호표지(노인보호구역), 구간시작 표지)

497 ✦✦

다음 안전표지가 의미하는 것으로 맞는 것은?

① 자동차전용도로에서 차로를 잘 지키도록 보조표지인 차량한정표지를 사용한 것임
② 상습정체구간에서 차로를 잘 지키도록 보조표지인 교통규제표지를 사용한 것임
③ 철길건널목에서는 차로를 잘 지키도록 보조표지인 직진표지를 사용한 것임
④ 승용자동차전용도로임으로 차로를 잘 지키도록 보조표지인 통행우선표지를 사용한 것임

해설 상습정체구간표지는 상습정체구간임을 알리는 것으로 교통규제 표지를 사용하여 차로를 엄수하도록 알리는 것(상습정체구간표지, 교통규제 표지)

498 ✦✦✦

다음 중 안전표지에 의하여 주차할 수 있는 시간으로 맞는 것은?

① 08시부터 09시까지
② 11시부터 12시까지
③ 19시부터 20시까지
④ 21시부터 06시까지

해설 08시부터 20시까지 주차금지 장소에 주차한 자동차를 견인하는 지역임을 표시하는 것(주차금지표지, 시간표지, 견인지역표지)

499 ✦✦✦

다음 안전표지가 의미하는 것은?

① 전방 50미터 지점에 회전교차로가 있다는 표시
② 전방 50미터 지점에 좌회전이 금지된 지역에서 우회도로로 통행할 수 있다는 표시
③ 전방 50미터 지점에 양측방으로 통행할 수 있다는 표시
④ 전방 50미터 지점에 철길건널목이 있다는 표시

해설 전방 50미터에 회전교차로가 있다는 표시(회전교차로 표지, 전방 표지)

500 ✦✦

다음 안전표지가 의미하는 것은?

① 터널 안 노폭이 3.5미터를 알리는 표시
② 터널 안 노폭이 3.5미터보다 넓다는 것을 알리는 표시
③ 3.5미터 전방에 터널이 있다는 표시
④ 터널 안 높이가 3.5미터임을 알리는 표시

해설 터널 안 노폭이 3.5미터를 알리는 표시(터널표지, 노폭표지)

2022

합격기준 박문각

이륜자동차 운전면허 500제

2종 소형 · 원동기장치자전거

초판인쇄 : 2022. 04. 20.

초판발행 : 2022. 04. 25.

편　　저 : 도로교통공단　**감수** : 박성지

발 행 인 : 박 용

발 행 처 : (주)박문각출판

등　　록 : 2015. 04. 29. 제2015－000104호

주　　소 : 06654 서울시 서초구 효령로 283 서경B/D 4층

전　　화 : (02) 723－6869

팩　　스 : (02) 723－6870

저자와의 협의하에 인지 생략

정가 10,000원

ISBN 979－11－6704－479－2

MEMO

MEMO

MEMO